COURS

DE

BOTANIQUE

ÉLÉMENTAIRE

PAR

M. J. MAISON

PHARMACIEN DE 1re CLASSE A TROYES

PUBLIÉ PAR LA SOCIÉTÉ HORTICOLE, VIGNERONNE ET FORESTIÈRE DE L'AUBE

TROYES

IMPRIMERIE ET LITHOGRAPHIE DUFOUR-BOUQUOT

Rue Notre-Dame, 41 et 43

1877

COURS

DE

BOTANIQUE

ÉLÉMENTAIRE

PAR

M. J. MAISON

PHARMACIEN DE 1re CLASSE A TROYES

TROYES

IMPRIMERIE ET LITHOGRAPHIE DUFOUR-BOUQUOT

Rue Notre-Dame, 41 et 43

—

1877

LETTRE DE L'AUTEUR

A M. Victor Deheurle, *ancien Président de la Société horticole,
vigneronne et forestière de l'Aube,
et à M.* Charles Baltet, *Président.*

MESSIEURS,

C'est sous vos auspices que j'ai commencé le cours de botanique élémentaire dont, depuis bientôt deux ans, je m'occupe; c'est à votre initiative que la Société horticole, vigneronne et forestière de l'Aube doit cette innovation.

La tâche que j'ai acceptée n'était pas sans difficultés, et je crains de n'avoir pas toujours été à la hauteur de la mission qui m'était confiée; car il est difficile, vous devez le comprendre, de se remettre à un travail aussi ardu que celui de la botanique lorsque, pendant de longues années, le repos de la mémoire a pu faire oublier bien des choses.

Mon dévouement à la Société, le désir de lui être utile, joint à celui que j'avais de vous être agréable, Messieurs, m'ont seuls déterminé à accepter ces fonctions de professeur.

Il y a dans cette expression quelque peu de fatuité, je le sens bien, et je crois qu'il serait plus convenable de dire que j'ai été le propagateur de cette science, dont la connaissance offre tant d'attraits, et l'étude de si merveilleux résultats.

Vous m'avez laissé libre de diriger ce cours comme je le voudrais, cela prouve que vous aviez confiance en moi; cependant, je crois vous devoir quelques explications sur la manière dont je l'ai fait, ou mieux sur l'ordre que j'ai suivi.

J'ai toujours considéré que, dans un cours de botanique élémentaire, il fallait marcher du connu à l'inconnu, des choses visibles aux choses invisibles, ou, en d'autres termes, qu'il était plus rationnel d'étudier une racine, une tige, un bourgeon, une fleur, organes que nous voyons et que nous touchons, pour arriver ensuite à savoir quels sont les éléments qui forment les différentes parties de ces organes.

Pourquoi, à l'exemple de certains auteurs, faire assister un commençant, un élève, à l'explication ou à la composition des *cellules*, des *fibres* et des *vaisseaux*, quand il ignore ce que c'est qu'une racine ou un bourgeon? Il y a là, selon moi, quelque chose d'illogique, dont j'ai toujours été frappé, et qui m'a déterminé à marcher dans une autre voie.

Est-ce que dans l'éducation du premier âge, par exemple, on met sous les yeux de l'élève des phrases construites ou des mots formés? Non; on l'habitue d'abord à bien connaître chaque lettre, à les assembler, pour en former des mots et des phrases. De cette façon on passe du connu à l'inconnu, sans fatigue, sans peine et surtout sans découragement.

Lorsque nous observons, pour la première fois, une machine en fonctions, est-ce que nous en comprenons le mécanisme? Non; mais si, après avoir examiné l'ensemble de cette machine, nous faisons une étude sérieuse de ses différentes parties, de ses rouages enfin, la lumière se fait dans notre intelligence, et nous arrivons promptement à savoir, à connaître, non-seulement chaque élément, mais les fonctions qu'ils remplissent.

La physiologie est la science qui s'occupe des fonctions et des relations des organes. Or, il faut naturellement, avant de passer à l'étude de la structure intime de ces organes, les bien connaître eux-mêmes. C'est ainsi que, prenant une tige et l'examinant avec attention, je saurai quelle est cette partie du végétal qui lie la racine aux branches; qu'elle est formée par les couches corticales, le bois, la moelle, et que c'est par ces différents canaux que circule la séve. Instruit déjà dans l'étude générale de la tige, je pousserai plus loin mes investigations et j'apprendrai, ce qui est plus difficile, l'existence des cellules, des fibres et des vaisseaux, existence qui est la base de l'organisme végétal. En étudiant ainsi, je passerai du connu à l'inconnu, des parties visibles à l'œil nu aux parties visibles seulement au microscope, et enfin aux relations qui peuvent exister entre tous ces organes, pour constituer la vie. J'aurai fait, en procédant de la sorte, de l'organographie d'abord, et enfin de la physiologie.

Mais si, renversant cette manière d'étudier, je commence par l'examen des organes les plus élémentaires, et que je veuille savoir la composition du tissu de la feuille, d'un lambeau d'écorce ou d'un fragment de moelle, je suis nécessairement obligé d'avoir recours au microscope, instrument très-précieux sans doute, mais dont la pratique est difficile.

De là, Messieurs, il ne faut pas en douter, des ennuis, des découragements dont on est toujours victime, c'est-à-dire qui vous lassent et vous font négliger ou rejeter, pour jamais peut-être, une science aussi agréable que celle de la botanique.

C'est pour cette raison, Messieurs, que, dans le cours de

mes conférences, je n'ai fait que de l'organographie et très-peu de physiologie, tandis que j'ai réservé pour la fin un chapitre spécial touchant les tissus élémentaires.

Si, pendant ces deux années, j'ai su vous intéresser quelquefois; si j'ai pu être utile à la Société; si enfin j'ai pu développer ou réveiller chez quelques personnes assidues, qui m'ont écouté avec tant de bienveillance, le goût de la botanique, de cette science dont l'étude ne procure que des jouissances douces et paisibles, je m'estimerai satisfait et très-heureux.

Agréez, Messieurs, l'expression de mon dévouement.

J. Maison.

DE L'UTILITÉ DE LA BOTANIQUE

ET DE SES AGRÉMENTS

A peine l'enfant commence-t-il à bégayer que déjà, s'il voit une fleur, il la désire; lorsque nous passons près d'un parterre en fleurs, nous sommes doublement séduits, nous admirons et nous jouissons. Les fleurs ont donc sur nous un véritable empire.

Non-seulement elles nous font éprouver des jouissances délicates, infinies, mais elles sont nos consolatrices dans les moments d'affliction.

J'ai connu, dans ma jeunesse, un vieillard austère dont le culte pour les fleurs avait quelque chose de religieux; ses notions en botanique étaient solides. Chaque fois qu'un chagrin ou quelqu'ennui venait altérer la placidité qui était le fond de son caractère, il prenait des fleurs, les premières qu'il rencontrait, les étudiait et les analysait pendant des heures entières.

Oubliant tout alors, au milieu de ces charmantes productions de la nature, son irritation se calmait, son visage rasséréné reprenait sa tranquillité habituelle; ce bon vieillard allait ainsi, passant le reste de sa vie, et trompant sa douleur par l'attrayante étude de la nature.

Combien de personnes, à la campagne, ne savent pas

chasser leur ennui, malgré la fortune qu'elles possèdent, et combien, cependant, elles pourraient éprouver de douces jouissances si elles voulaient interroger les fleurs!

Quelle que soit la condition dans laquelle on puisse être, riche ou non, l'étude des plantes est utile et agréable; elle est une source intarissable de plaisirs. Les fleurs sont de tous les temps, de tous les lieux, de tous les âges; elles embellissent nos fêtes, elles parent la tête et le sein des jeunes filles, elles ornent le berceau de l'enfant et la tombe du vieillard.

Lorsque les premiers rayons du soleil printanier sont venus caresser la terre, on voit la nature céder à leur féconde influence et se couvrir de fleurs; elles semblent nous apporter, avec l'espoir, le bonheur et la vie.

Or, étudier ces fleurs, les connaître, les classer, n'est-ce pas ce qui constitue l'occupation la plus agréable et la plus charmante?

Si nous considérons les plantes sous le rapport de l'utilité, est-ce que toutes les professions n'en tirent pas quelque chose?

Le médecin peut-il exercer son art sans avoir étudié les plantes? Ne doit-il pas connaître les produits qu'elles fournissent afin de pouvoir établir ses formules?

Le pharmacien n'est-il pas appelé, plus que tout autre, à connaître les plantes et à les analyser? N'est-ce pas lui qui, le plus souvent, enrichit la science de ses découvertes? Ses études sérieuses et profondes, le calme de la retraite à laquelle il se résigne, font de lui le travailleur infatigable, l'observateur le plus actif et le plus minutieux.

Est-ce que l'agriculteur ne doit pas être familiarisé avec

toutes les plantes qu'il cultive? Ses connaissances doivent être multiples, car, par un enchaînement forcé, l'étude de ces grains qu'il soigne avec tant de sollicitude, est liée à celle des animaux qu'il emploie, puisqu'ils doivent servir à leur nourriture.

L'horticulteur ne doit-il pas aussi connaître la botanique? Ses connaissances doivent être plus étendues que celles de l'agriculteur, car c'est à cette science nouvelle que sont dues toutes les beautés, toutes les merveilles dont chaque jour nous sommes les admirateurs passionnés. Non-seulement l'horticulteur doit s'occuper de la culture des plantes potagères et d'agrément, mais il doit le faire avec intelligence et raisonnement.

Dans le jardinage, il apprend à connaître les terrains, les instruments nécessaires, indispensables à cette culture et les engrais qui lui conviennent; il apprend ce que l'on entend par culture forcée, c'est-à-dire la formation et l'emploi des couches et des serres; il apprend, dans la culture simple, à produire des plantes propres à l'alimentation ou à l'ornementation; enfin, il sait faire de tous ces éléments un ensemble qui constitue l'horticulture entière, la construction dans de bonnes conditions des jardins potagers, des jardins fruitiers et des serres.

L'importance de ces études et de ces connaissances a été jugée telle qu'il s'est fondé à Paris, depuis plus de cinquante ans, une Société centrale d'horticulture. Les récompenses accordées chaque année par cette Société ont stimulé le zèle des horticulteurs qui ont produit de remarquables travaux et qui ont atteint des résultats vraiment étonnants.

Le forestier, par ses études sérieuses et profondes, a

rendu de grands services; mais ces services, suivant A. Dupuis, Fr. Gérard, O. Réveil et F. Hérincq seraient encore plus grands si l'on acclimatait certaines essences étrangères dont le développement est plus rapide et le bois plus résistant que celui de nos bois blancs.

Le parfumeur pourrait retirer de certains végétaux, et surtout des nombreuses ombellifères, les odeurs les plus suaves, car, à part un certain nombre de produits dont on ne s'écarte guère, il ne songe pas à en créer de nouveaux. Il apprendrait l'histoire des parfums dans l'antiquité, chez les Hébreux, les Egyptiens et les Romains. Autrefois, en Egypte, les parfums servaient à embaumer les morts; et bien que l'Orient soit le pays où croissent les plantes qui les fournissent au commerce du monde, il est certain que notre climat, riche en végétaux aromatiques, pourrait donner et remplacer dans bien des cas, j'en suis convaincu, un grand nombre de ces produits exotiques.

On accordait aux parfums la première place dans toutes les solennités; on les brûlait en l'honneur des dieux, et ils étaient d'autant plus estimés qu'on les croyait indissolublement liés aux divinités dont ils annonçaient la présence.

Le fabricant de couleurs, le teinturier, s'ils connaissaient les plantes, ne pourraient-ils trouver dans celles de nos pays des produits aussi précieux et moins chers que ceux qu'ils tirent à grands frais de l'étranger?

Pourquoi nos grands industriels n'auraient-ils pas un laboratoire dans lequel, chercheurs infatigables, ils iraient sans cesse à la découverte des secrets de la nature?

C'est dans ce sanctuaire de la science que nos chimistes les plus distingués ont découvert et isolé les principes actifs si précieux du Quinquina. la *quinine ;* de l'Opium, la *morphine* et la *codéine ;* de l'Ipécacuanha l'*émétine ;* de la Noix vomique, la *strychnine,* etc., etc., pourquoi n'en serait-il pas de même pour les matières tinctoriales tirées des végétaux ?

Considérée sous un autre aspect, la botanique qui, chez les gens du monde, est parfaitement ignorée, offrirait de précieux avantages. Outre la science qu'on peut acquérir dans ces intéressantes études, si l'on y persévère, on éprouve encore de nombreuses et délicates jouissances, lors même qu'on n'en veut faire qu'une simple distraction.

Transportés au milieu des champs, dans les bois, au sein même de l'empire des fleurs, est-ce que nous n'éprouvons pas un véritable plaisir, je dirai même de la joie à les contempler et à les admirer? De ce plaisir des yeux au désir de connaître, il n'y a qu'un pas; alors, une sorte de fièvre s'empare de notre esprit, agite doucement notre âme et la pousse dans une aimable et salutaire rêverie.

En étudiant les plantes, nous saurons distinguer celles qui sont utiles de celles qui sont dangereuses et, munis de ces connaissances, nous serons en garde contre les accidents; nous saurons que, sous l'apparence d'une innocuité parfaite et d'un aspect séduisant, un assez grand nombre de végétaux recèlent les plus violents poisons.

En effet, ne voyons-nous pas souvent les résultats terribles de ces redoutables poisons, lorsque l'on confond la petite Ciguë avec le Persil; lorsque les fruits de la Belladone, qui ressemblent à des cerises noires, sont introduites dans l'estomac; lorsque les champignons vénéneux sont pris pour des espèces comestibles ?

La nomenclature de ces accidents serait interminable, et, ne fût-ce qu'à ce seul point de vue, on devrait connaître cette partie de l'histoire des plantes.

COURS DE BOTANIQUE ÉLÉMENTAIRE

1re Conférence.

Dans l'antiquité, l'homme s'occupait déjà de Botanique.

Tourmenté par de nombreuses maladies, il s'appliqua à les combattre, et trouva dans les végétaux qui croissaient autour de lui les moyens de calmer ses souffrances.

Mais cette étude n'étant pas raisonnée, la Botanique démeura longtemps dans l'enfance.

Les Hébreux ne mentionnent que soixante-dix plantes dont les noms peuvent être rapportés à des espèces connues de nos jours.

Hippocrate, le père de la Médecine, qui vivait 460 ans avant J.-C., a composé une histoire des plantes dans laquelle, pour la première fois, on découvre le germe du système sexuel.

On comptait alors trois cents espèces, environ, de plantes venant de la Grèce.

Le naturaliste Pline, qui écrivit sur toutes les parties de l'histoire naturelle, puisa ses renseignements à toutes les sources, et ne donna que des ouvrages entachés d'une foule d'erreurs qui retardèrent beaucoup les progrès de la Botanique.

Au premier siècle de notre ère, Dioscoride, médecin grec, écrivit six volumes sur la matière médicale, volumes fort estimés, et qui sont la source la plus abondante pour les connaissances des anciens.

Jusqu'au xvi⁰ siècle, point de progrès sensibles ; mais, à partir de cette époque, la Botanique redevint en honneur. Plusieurs savants s'en occupèrent d'une manière sérieuse ; mais leurs travaux n'étant que des commentaires de Dioscoride et de Pline, et les noms employés par ces auteurs étant appliqués à des espèces différentes, il surgit de leur emploi une grande confusion.

Cependant la science marchait, lentement, il est vrai, mais elle marchait, et ce n'est que vers la fin de xvii⁰ siècle et au commencement du xviii⁰, que la Botanique prit décidément son essor.

Elle devint une véritable science.

Une admirable découverte, le Microscope, vint alors dévoiler aux yeux des savants les trésors d'organisation des végétaux, et après avoir créé l'*Anatomie végétale*, ces hommes illustres donnèrent, sous le nom de *Physiologie*, une description des phénomènes de la vie des plantes.

Le progrès, cette fois, marchait à pas de géant, l'impulsion était donnée, et c'est à Tournefort, à Linné, à de Jussieu qu'était réservé l'immortel honneur de créer des classifications bien supérieures à celles de leurs devanciers.

Voilà, en peu de mots, l'histoire de la Botanique jusqu'à nos jours, et c'est d'après les données de ces grands maîtres que nous essaierons d'expliquer tous les phénomènes qu'ils ont observés et décrits avec un talent si remarquable.

Notions préliminaires. — Les trois règnes.

Tous les êtres qui composent notre globe sont réunis en deux groupes immenses auxquels on a donné le nom de Corps inorganiques et de Corps organiques.

Les Corps inorganiques sont ceux qui ne peuvent s'accroître que par juxta-position ; c'est-à-dire par l'agglomération extérieure de parties semblables.

Ce sont : les pierres, les sels, les minéraux, les métaux. Ces corps ne remplissent aucune fonction, et sont destinés à demeurer, sans jamais subir de changement, dans le lieu de leur formation.

Les Corps organiques, au contraire, remplissent de véritables fonctions et sont divisés, suivant la nature de ces fonctions, en deux classes : les *Animaux;* les *Végétaux*.

Les animaux sont pourvus de sensibilité et de volonté ; ils ne se nourrissent que de substances organisées qui, introduites dans une poche commune, sont rejetées au dehors, après avoir abandonné les éléments propres à l'alimentation.

Ils peuvent se déplacer à leur guise.

Ces corps ayant un centre commun, ne peuvent être divisés en plusieurs êtres vivants, et ils se reproduisent au moyen d'organes sexuels pendant toute la durée de leur vie.

Les végétaux sont dépourvus de sensibilité ; privés de mouvements volontaires, ils sont destinés à vivre et à mourir au lieu même où ils ont pris naissance. Ils ne se nourrissent que de corps inorganiques, comme l'air et l'eau, qu'ils absorbent à l'aide de pores situés à leur surface extérieure ; ils peuvent être séparés sans cesser de vivre, et se reproduisent au moyen d'organes sexuels qui périssent toujours après la fécondation.

Il résulte donc de ce qui précède, que l'étude des êtres dont nous venons de parler se nomme Histoire naturelle, et correspond aux trois règnes de la nature :

1° La Minéralogie ou la science des corps inorganiques;

2° La Botanique ou la science des plantes ;

3° Et enfin, la Zoologie ou la connaissance des animaux.

Introduction.

La première impression que l'on ressent à la vue d'un parterre émaillé de fleurs, est un sentiment d'admiration, sentiment qui s'accroît encore, lorsque, transporté dans la campagne, par une belle matinée de printemps, on voit éclore, à chaque pas, sous la féconde influence d'une douce température, des variétés infinies de corolles éblouissantes.

Qui ne se sent attiré par le désir de pénétrer ces étonnants mystères?

Existe-t-il, en effet, une science plus entraînante que celle de la Botanique, plus capable de faire admirer les perfections apportées par le Créateur jusque dans les parties les plus infimes des corps? Non! et l'on reste pénétré de l'immensité de sa puissance, quand les yeux et l'esprit ont compris les phénomènes curieux qui se produisent incessamment dans le développement des végétaux, dans les fonctions et les relations de chacun de leurs organes.

On passe indifférent devant ces merveilles; on foule aux pieds ces êtres vivants et charmants; mais la nature a voulu qu'à côté de la fleur que vous avez brisée, une autre, sa sœur, vînt élever son tendre feuillage, sa douce et chatoyante corolle, pour vour forcer à la voir, à l'admirer, à la comprendre.

Populariser la Botanique serait donc une œuvre excellente, puisqu'à l'aide de travaux plus attrayants que pénibles, on arriverait à la connaissance facile des plantes utiles ou dangereuses.

Il ne faut pas se le dissimuler, si cette science fut trop longtemps négligée et comprise seulement par un nombre très-restreint d'intelligences, on doit certainement l'attribuer aux obstacles sérieux qu'elle oppose à ceux qui, peu disposés à approfondir, se fatiguent et rejettent facilement ce qui pourrait devenir une ombre d'ennui.

L'étude de la Botanique est loin d'être générale; dans les villes, les classes élevées y songent peu, et on l'ignore entièrement à la campagne.

Comment remédier à cet état de choses?

Deux moyens s'offrent à nous :

Le premier consiste à créér des Cours essentiellement élémentaires.

Le second à retrancher, autant que possible, des explications données, les termes scientifiques si nombreux, qui, souvent, pour ne pas dire toujours, sont parfaitement incompris.

Je ne prétends pas induire de là qu'il faille les abandonner; non, assurément, puisqu'ils sont l'œuvre du génie; mais je pense qu'ils pourraient être expliqués dans le texte même, pour éviter d'avoir recours à un dictionnaire des *termes* que le plus ordinairement on ne consulte pas.

Croyez-vous que dans un cours qui doit rester tout à fait élémentaire, et qui d'ordinaire n'est suivi que par des personnes curieuses d'apprendre les notions principales, croyez-vous, dis-je, qu'elles se familiariseront facilement avec des termes tels que ceux-ci : ovule *orthotrope,* ovule *anatrope,* ovule *campylotrope,* pour désigner soit l'ovule de l'Oseille, soit l'ovule de l'Ellébore, soit l'ovule du Haricot?

Je ne le pense pas, et l'emploi de ces termes prouve assurément la profonde érudition de leur auteur, mais ne peut servir, je le suppose, du moins, à faciliter les progrès dans la Botanique élémentaire.

Mais j'admets que l'explication n'étant pas donnée dans le texte même, le jeune botaniste veuille recourir au vocabulaire, que trouve-t-il? Que le mot Orthotrope signifie ovule droit; que le mot Anatrope désigne un ovule courbé, et qu'enfin le mot Campylotrope signifie encore un ovule courbé.

Pourquoi ces deux termes pour exprimer la même chose?

Là, l'incertitude commence. Je le répète, ce n'est point une critique que je formule, Dieu m'en garde! je professe, au contraire, le plus profond respect pour ces hommes distingués qui ont sacrifié leur temps, et quelquefois leur santé, au développement et à la vulgarisation des sciences.

Mon but est de démontrer l'inutilité, dans un Cours de Botanique élémentaire, d'une grande partie de ces termes qui ne peuvent être compris que par les personnes versées depuis longtemps dans ces délicates études.

Permettez-moi de dire un mot d'une méthode qui m'est particulière, et qui, dans bien des cas, m'a rendu des services.

Cette méthode est extrêmement simple et permet de reconnaître assez facilement un grand nombre de plantes de notre région.

J'ai divisé les plantes en deux grandes classes :

1° Les fleurs complètes ;
2° Les fleurs incomplètes.

La première classe comprend les fleurs complètes, *d'une seule pièce*, ou *Monopétales*.

Les fleurs complètes *de plusieurs pièces ou Polypétales*.

La deuxième classe se compose des fleurs incomplètes, c'est-à-dire des fleurs qui n'ayant pas de corolle, ont un calice qui leur en tient lieu ; on les nomme Périgonales.

Les couleurs principales dont les fleurs sont ordinairement parées, sont au nombre de sept, savoir :

Le blanc, le jaune, le rouge, le pourpre, le bleu, le violet et le vert.

Mais la nature, toujours admirable, s'étant plue à combiner les teintes et à faire du plus grand nombre des fleurs de riches et harmonieuses palettes, j'ai dû comprendre, dans le même tableau, la couleur dominante de la fleur à examiner, et lui adjoindre comme complément distinctif, les nuances qui l'émaillent, et je dis :

Blanche rosée,

Rouge violacé,

Bleu pourpré, etc., etc.,

suivant que ces fleurs sont blanches teintées de rose, de violet ou de pourpre.

Il y aurait donc, à la rigueur, sept tableaux, puisque nous indiquons sept couleurs, mais, pour plus de simplicité, et à cause de l'analogie, j'ai associé le pourpre au rouge, le violet au bleu, de sorte qu'en réalité il n'y a que cinq tableaux.

Vous comprendrez facilement que si le nombre des tableaux eût égalé celui des teintes, une véritable confusion devait surgir de leur emploi.

On m'a fait une objection, et l'on m'a dit :

« Votre méthode est ingénieuse ; elle est simple et facile sans doute, mais vous fera-t-elle reconnaître exactement les variétés ? »

Bien que les variétés aient été décrites avec beaucoup de soin, il pourrait s'élever quelque incertitude ; mais, ne trouva-t-on que le nom de la famille, il sera facile, alors, de découvrir dans la description des membres de cette famille, le sujet auquel on aura affaire.

Voici donc, en peu de mots, la manière de procéder. Une fleur étant donnée, reconnaître :

1° Si elle est complète ou incomplète ;

2° Si elle est d'une seule pièce ou de plusieurs pièces ;

3° Si elle affecte telle ou telle forme ;

4° Si elle est blanche, jaune, rouge seulement, ou si elle est teintée de rose, de bleu, de vert, etc.

Ces différents états reconnus, il suffit de trouver le texte qui se rattache à l'un de ces états, et de suivre avec soin, la plante sous les yeux, et, comme point de comparaison, les détails inscrits sur ce tableau.

Dès les premières lignes, et lorsqu'on s'est un peu exercé, on juge rapidement si l'on est dans le vrai, et si les caractères inscrits au tableau sont la copie fidèle de ceux que présente la plante soumise à l'analyse, on arrivera à un numéro terminal qui correspond au même numéro de l'ouvrage où sont décrits les différents noms de la plante, ses propriétés et le nom de la famille à laquelle elle appartient.

Je me base donc uniquement sur tous les caractères extérieurs, caractères qui ne varient jamais pour chaque espèce et qui permettent de reconnaître, quel que soit le lieu où on les récolte, la plupart des plantes de nos contrées.

Considérations générales sur les différents organes d'un végétal.

Lorsqu'on examine une plante pour en connaître les organes élémentaires, on remarque qu'ils se combinent entre eux de diverses manières, afin de donner naissance à tontes les parties qui sont visibles et distinctes.

Mais, ces organes n'apparaissant pas tous à la fois, il faut, pour en concevoir l'idée, suivre une de ces plantes dans toutes les phases de son développement, c'est-à-dire depuis le moment où la graine, que contenait le fruit, semble germer, jusqu'à l'instant où cette plante a donné des fruits murs qui, à leur tour, ont donné de nouvelles graines.

Les graines renferment donc sous leur enveloppe un corps parfaitement organisé ; c'est, pour ainsi dise, l'abrégé de celui auquel il doit donner naissance ; c'est ce que l'on appelle *Embryon*.

La germination s'opère-t-elle ? cet embryon se gonfle, rompt ses enveloppes et vient demander à l'air la nourriture dont il a besoin. Il prend le nom de *Plantule*.

Deux phénomènes distincts apparaissent alors :

A la base de la plantule, se forme une partie qui tend sans cesse à s'enfoncer dans la terre, qui ne vit que dans l'humidité et dans l'ombre. C'est la *Radicule* ou rudiment des racines, tandis que, au sommet, une autre partie se développe en sens inverse de la radicule et cherche constamment à s'élever, ayant besoin d'air et de lumière. C'est la *Plumule* ou rudiment de la tige.

La tige et la racine se développent donc, et le plus souvent se ramifient l'une et l'autre, c'est-à-dire, que la tige pousse des branches dont les rameaux vont s'amincissant sans cesse, tandis que les racines se couvrent de radicelles ou petites racines qui, par leurs extrémités, vont emprunter à la terre les sucs propres à la nutrition.

Les rameaux produisent les bourgeons ; les bourgeons donnent naissance aux feuilles qui se nourrissent dans l'air comme les racines dans la terre.

Enfin, les fleurs apparaissent avec les organes de la reproduction, et lorsque la fécondation s'est opérée, elles se fanent, sont détruites au profit du fruit qui se développe à son tour, et fournit avec le temps une graine semblable, en tout point, à celle qui, dans le principe, lui a donné la vie.

Admirable prévoyance du Maître, qui veut que tout se perpétue dans la nature et dont la sagesse confond la créature en lui démontrant, même dans les plus petites choses, l'immensité de sa puissance.

2ᵉ Conférence.

Dans la séance d'inauguration de notre Cours de Botanique élémentaire, après avoir fait un rapide historique de cette science jusqu'à nos jours, je terminais par des considérations générales sur l'existence d'un végétal.

Tous les végétaux n'emploient pas le même espace de temps à parvenir à leur entier développement ; les uns ne fleurissent qu'une fois, c'est-à-dire que, naissant au printemps, ils se développent entièrement avant le retour de la mauvaise saison ; ce sont les plantes annuelles — l'avoine par exemple.

D'autres, bravant la rigueur de l'hiver, vivent l'espace de deux printemps ; ce sont les plantes bisannuelles — comme le *Daucus carota* ou la Carotte vulgaire.

D'autres, enfin, ont une durée beaucoup plus longue, quelquefois illimitée, et se couvrent, chaque année, de fleurs et de fruits, comme le Dahlia, comme le Chêne.

Vous êtes étonnés, sans doute, de voir placés côte à côte deux végétaux de tailles si différentes ; l'un, le géant de nos forêts, l'autre, le bel et gracieux ornement de nos parterres ; je le conçois, et je me hâte de vous expliquer la différence qui existe entre eux.

Dans le Dahlia, les parties aériennes sont toujours détruites après la floraison ; les parties souterraines seules résistent, la vie s'est réfugiée dans les racines.

Dans le Chêne, au contraire, les parties aériennes persistent toujours.

Dans le premier cas, celui du Dahlia, les plantes sont appelées Vivaces par la racine. — Dans le second, celui du Chêne, on les nomme Végétaux ligneux, Plantes ligneuses.

Cependant, ces distinctions n'ont rien d'absolu, puisque, suivant les contrées qu'elle habite, une plante peut devenir annuelle ou vivace.

Mais doit-on raisonner ainsi? Je ne le pense pas — je crois qu'on doit étudier une plante là où elle a pris naissance; car, si on la transporte du Sud au Nord, on modifie profondément sa nature, et on la modifie si profondément, que le Ricin, par exemple, qui est originaire d'Amérique, et qui dans ce climat atteint une hauteur de 6 à 8 mètres, ne peut en avoir, chez nous, que deux ou trois.

Au point de vue de la serre ou de l'ornementation des jardins, qu'importe, c'est une plante étrangère qui peut avoir son charme; mais, au point de vue de l'histoire botanique de la plante, on doit être, ce me semble, plus rigoureux.

Il semble, qu'une espèce de polarité sollicite incessamment les plantes à se porter, d'un côté, vers le centre de la terre; de l'autre, à se diriger vers le ciel.

Malheureusement, dans l'état actuel de la scie ce, rien n'est venu confirmer cette hypothèse.

Des savants, s'appuyant sur ces invariables tendances, ont formé deux systèmes qu'ils appellent : l'un, le Système ascendant qui est formé par la tige; l'autre, le Système descendant qui est formé par la racine.

Pourquoi, lorsqu'on prononce ce mot : Racine, l'image de la terre vient-elle tout d'abord s'offrir à notre esprit? C'est apparemment parce que nous ne voyons que les plantes qui sont à sa surface. Ce serait donc une erreur de croire que la terre seule nourrit les végétaux, puisqu'il en est qui vivent et se développent au sein des eaux, comme il en est qui vivent au sein de l'atmosphère.

Il en est même qui vont s'implanter dans les tissus des autres végétaux.

En Botanique, la racine est toujours cette partie du

végétal qui s'accroît de haut en bas, qu'elle soit située dans la terre, dans l'air ou dans l'eau.

C'est le caractère distinctif de la racine de toujours chercher à pénétrer dans le sol. Il est facile de s'en convaincre en faisant germer une graine de haricot, la radicule en l'air ; on remarquera, peu de temps après, que la radicule se recourbe et cherche toujours à gagner les profondeurs de la terre.

Il est un phénomène fort curieux et qui mérite de fixer l'attention ; c'est que la racine s'accroît seulement en longueur, tandis que les autres parties ne participent pas à cet accroissement. Il est facile de vérifier ce fait en plongeant un certain nombre d'épingles dans la racine et à des intervalles égaux. — Au bout de quelque temps, on verra que ces intervalles n'ont pas varié, tandis que l'extrémité libre de la racine ou des racines se sera considérablement allongée au-delà de la dernière épingle.

On a cru pendant longtemps, et quelques personnes croient encore, que la racine peut devenir verte sous l'influence de la lumière ; c'est une erreur. Jamais la racine ne devient verte et il n'y a guère que les extrémités libres de ces racines qui font quelquefois prendre cette couleur.

Il en est de même de leur blancheur que l'on attribue, à tort, à leur position souterraine, puisque les racines fluviatiles restent blanches même dans les eaux les plus limpides et les mieux éclairées.

Enfin, les racines ne possèdent ni poils, ni glandes, ni aiguillons, ni stomates à la surface, ni moelle à l'intérieur.

Cependant, on a cru en observer dans le noyer et le marronnier. Mais, cette question n'étant pas suffisamment élucidée, nous continuerons de croire, jusqu'à nouvel ordre, qu'elles en sont dépourvues.

Lorsqu'une plante commence à se développer, la racine est comme une espèce de pivot qui est permanent ou caduc.

Racine d'un jeune Chêne

Racine de Radis avec ses
divisions secondaires

Racine fasciculée de la
Renoncule âcre

Racine fusiforme de la Carotte
avec ses divisions verticales

Racine fibreuse de l'Oignon

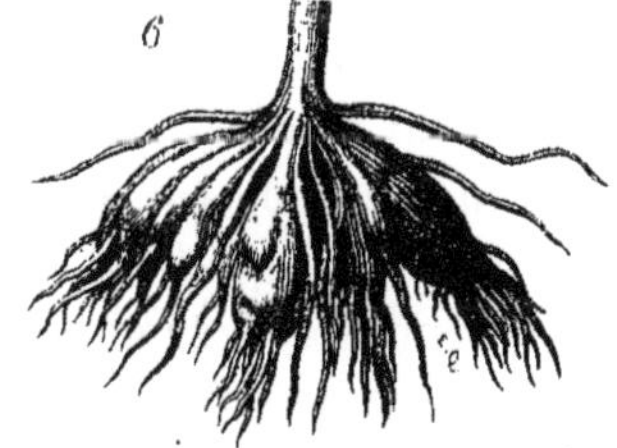

Racine tubéreuse du Dahlia

Cours de Botanique par M. Maison.   Lith. Dufour-Bouquot

RACINES PIVOTANTES.

On dit qu'il est permanent, lorsqu'il n'est pas détruit peu de temps après sa formation, qu'il persiste et continue à pénétrer dans le sol.

Il est caduc, lorsqu'au contraire il est détruit peu de temps après son apparition pour être remplacé par des racines secondaires.

On a donc formé deux divisions :

Les racines Pivotantes

Les racines Fasciculées.

Les racines pivotantes ont un axe ou tronc qu'on peut appeler aussi : Corps de la racine, et qui se couvre de branches radicales ou de racines secondaires, puis de racines plus petites qui portent le nom de radicelles.

Il est extrêmement curieux de savoir comment se forment ces divisions ou branches radicales. Elles naissent de l'épaisseur du tronc sous la forme d'un renflement, d'un *mamelon* qui, poussé de dedans en dehors, soulève l'épiderme, le pousse incessamment et finit par le rompre. La racine alors prend son cours.

Mais, au point où s'est opérée cette rupture, on remarque qu'il s'est formé comme une espèce de collerette, une sorte de gaîne à laquelle on a donné le nom de *Coléorhyze,* nom tiré du grec et qui signifie *étui.* On peut donc être assuré, lorsqu'on rencontre cette marque sur une racine, d'avoir affaire à une racine secondaire, puisque le tronc en est toujours dépourvu.

Il y a ceci de remarquable que, dans certaines racines pivotantes comme la Carotte, le Radis, la Rave, les divisions radicales sont toujours en nombre assez restreint, et placées suivant un ordre qui ne varie jamais pour chaque espèce; ainsi le Radis en possède deux rangées qui sont longitudinales et opposées; la Carotte en possède cinq, et un grand nombre de légumineuses en possède trois, comme les Trèfles et les Gesses.

Il va sans dire que ces divisions radicales sont destinées à absorber les sucs nutritifs et à les transmettre à
la plante tout entière, et cela est tellement évident que,
lorsqu'on place dans deux verres pleins d'eau une racine
entière avec les racines immergées, et une autre racine
les divisions radicales hors de l'eau, on ne tarde pas à voir
cette dernière se faner, tandis que l'autre conserve longtemps sa fraîcheur.

Plus un terrain est meuble et humide, plus le nombre
de ces divisions est considérable, et il n'est pas rare de
trouver, le long des cours d'eau, des racines de Saule, par
exemple, qui, plongées dans le courant, se sont couvertes
d'un chevelu si développé, que certains jardiniers les ont
appelées : *Queues de Renard*.

On dit les racines rampantes, lorsqu'elles courent à la
surface du sol, et chacun de vous a pu rencontrer souvent,
à de grandes distances du sujet principal, des racines donnant naissance à de jeunes pousses que l'on nomme *Sur-
geons* et qui sont parfaitement disposées à végéter, si on les
retranche de la branche mère : l'Orme et l'Acacia sont
dans ce cas.

Les racines fasciculées ou *multiples* sont celles qui, naissant du même point, sont disposées en espèces de faisceaux.

Les racines fibreuses sont petites et déliées comme des
fibres. Ex. : le Blé, l'Orge et l'Avoine.

Elles sont fibreuses et parallèles comme dans l'Ail et
l'Oignon.

Elles sont tubéreuses ou tuberculeuses dans le Dahlia, la
Pomme de terre, et ces tubercules sont destinés à l'alimentation de la plante.

Enfin, on dit les racines *funiformes*, lorsqu'elles sont
longues et cylindriques et qu'elles ressemblent à des cordes ;
leur nom est tiré du mot latin *funis* qui signifie *corde* :
la racine des Palmiers, par exemple.

Voilà ce qu'il importe de savoir touchant les racines terrestres ; mais il est une autre sorte de racines qui sortent des conditions ordinaires et qui font *exception à la règle*. Ce sont les racines *adventives* ou *aériennes*.

Comme je viens de le dire, ces racines font exception à la règle, puisque, au contraire des racines terrestres, elles se développent sur les tiges, sur les branches ou sur les feuilles.

Ces racines se forment de même que les racines terrestres, c'est-à-dire qu'elles naissent d'un mamelon qui a poussé l'épiderme au point de le rompre, afin de paraître à l'air et à la lumière.

Les régions intertropicales nous en fournissent quelques exemples.

Ainsi, le Pandanus utilis ou Baquois comestible, arbre qui est le type de la famille des Pandanées, donne des racines fournies par la tige ; ces racines descendent jusqu'à terre, s'y implantent et, prenant racine à leur tour, viennent former autour de l'arbre comme des colonnes qui sont autant de soutiens de cet édifice végétal.

Le figuier des Banians ou figuier des Pagodes donne aussi des racines aériennes ; mais, au lieu d'être fournies par la tige elles le sont par les branches.

Ces racines, d'abord grêles et délicates, tant qu'elles n'ont pas touché terre, se développent en y pénétrant et, en s'entre-croisant sans cesse, forment souvent des forêts inextricables.

Le Clusier rose (*Clusea rosa*) est encore un arbre qui fournit de nombreuses racines adventives.

Il y avait, dans l'île de la Tortue, près Saint-Domingue, et dans le voisinage de l'habitation du propriétaire de l'île, un magnifique Clusier rose, dont le luxuriant feuillage donnait asile à une foule d'insectes fort incommodes. On résolut de le faire abattre et l'on prévint les Nègres charpentiers, qui arrivèrent le lendemain matin, munis de leurs instruments d'abattage.

Les premiers coups de cognée pénétrèrent facilement dans le bois blanc, tendre et poreux du Clusier ; mais il fut impossible d'aller plus loin. Cependant, à force de coups de hache, on parvint à l'abattre.

Quel ne fut pas l'étonnement du maître, en reconnaissant un magnifique arbre d'acajou ! Cet arbre avait été envahi par les racines du Clusier rose, lesquelles, en l'enlaçant et en s'entregreffant sans cesse, l'avaient étouffé dans leurs mille bras, et avaient formé autour de lui comme un véritable cercueil.

Le Lierre grimpant, si commun chez nous, est encore un exemple, souvent contesté, des racines adventives. Il est vrai que les espèces de crampons qui servent à le fixer, soit aux murailles, soit aux arbres, ne bougent pas tant qu'ils sont éloignés de la terre ; mais si la terre se trouve à une faible distance de ces organes, on les voit s'allonger et chercher à y pénétrer.

Je terminerai cette conférence par un dernier exemple de racines adventives ; je parlerai du Vanillier, liane grimpante qui appartient à la belle famille des Orchidées.

Cette plante a des racines peu volumineuses et une tige sarmenteuse qui atteint souvent une grande hauteur. On comprend qu'une racine si peu développée ait de la peine à nourrir une tige de cette longueur ; aussi la nature lui a-t-elle donné des racines aériennes qui, partant souvent de l'extrémité de la tige se balancent au gré du vent, et finissent par atteindre le sol. C'est ainsi qu'elles absorbent une partie des principes nutritifs de la plante ; alors les fleurs apparaissent et la fécondation s'opère. Mais cette fécondation s'opère assez mal, en raison de l'extrême chaleur du jour ; car les organes reproducteurs sont détruits ou desséchés.

Il y avait au service d'un savant botaniste un jeune es-

clave d'une intelligence peu commune ; son maître l'avait
nommé son second.

Ce garçon, de douze à quinze ans, avait remarqué que,
à partir de dix heures du matin, la fécondation n'avait plus
lieu. Il connaissait le jeu des organes reproducteurs et voulut le favoriser ; debout dès l'aurore, il visite alors sa plan-
tation, examine les fleurs, et par une manœuvre habile et
délicate, opère la fécondation *artificielle*. Les étamines
étant placées sous le pétale supérieur qui surplombe le pétale
inférieur avec les pistils, il s'agissait simplement de faire
subir au pétale supérieur un mouvement d'avant en arrière,
afin que les deux organes puissent être en contact. Le succès fut complet, puisque la récolte fut plus abondante.

Ce jeune esclave fut amplement récompensé par son
maître, qui lui donna le bien qui charme le plus un homme :
la liberté !

3e Conférence.

Dans notre dernière séance, vous vous le rappelez sans
doute, nous avons fait l'histoire de la racine en général,
et des différentes sortes de racines en particulier, qui forment le système descendant.

Nous nous occuperons aujourd'hui du système ascendant, c'est-à-dire de la tige.

La tige est l'organe intermédiaire entre la racine et les
feuilles ; c'est elle qui lie tous les autres, et le point où la
tige s'unit à la racine est appelé collet. — M. de Lamark,
le savant naturaliste, lui donnait le nom de *nœud vital,* ce
qui, pour lui, signifiait que c'est dans cet endroit que se
joue le grand rôle de la végétation, et où les fibres changent
de propriété.

Le collet n'a jamais été défini d'une façon satisfaisante, et il n'a jamais pu être observé d'une manière exacte ; il mériterait bien de l'être, assurément, car rien ne serait plus remarquable à étudier que l'endroit où se fait un changement tel, dans la nature des fibres, qu'en dessus elles cherchent toujours à se diriger vers le ciel, tandis qu'en dessous elles cherchent constamment à descendre. Le collet n'est donc point un organe ; c'est plutôt un plan idéal, que l'on place à fleur de terre, et qui est toujours intermédiaire à la tige et à la racine.

Nous avons vu, dans l'étude que nous avons faite de la racine, qu'elle s'accroissait seulement en longueur, sans que les autres parties participassent à cette élongation. — Dans la tige, au contraire, tout s'accroît en même temps, et l'expérience des épingles que nous avons faite à cette occasion, ou, pour être plus juste, que nous avons rapportée, peut être renouvelée sur la tige. On remarquera que les espaces situés entre chacune d'elles s'allongeront en même temps que la branche ou la tige.

La tige, considérée dans sa consistance, est dite *herbacée,* lorsqu'elle est tendre, qu'elle a peu de consistance et qu'elle périt avant de durcir (*la Laitue*); c'est elle qui compose presque tous les végétaux annuels ou bisannuels.

Nous voyons aussi des plantes vivaces, les Cactus, par exemple, dont la tige est toujours verte et molle. — Ces plantes prennent le nom de : Plantes grasses.

Tous les végétaux, en dehors de ces conditions, sont appelés : ligneux ou arborescents.

On les divise en trois classes :

    1° Les Sous-arbrisseaux ;

    2° Les Arbrisseaux ;

    3° Les Arbres.

La tige des sous-arbrisseaux est le plus souvent courte, et se divise, dès la base, en rameaux ligneux, dont le sommet est toujours herbacé et meurt chaque année.

Ces rameaux sont de moitié moins grands que l'homme ; ils fleurissent chaque année et ne portent pas de *boutons écailleux*. Je vous citerai comme exemple : la *Sauge officinale*, le *Millepertuis*.

Les arbrisseaux sont ligneux et dépassent à peine la hauteur de l'homme ; ils ont une tige qui se ramifie dès la base, et ils sont munis de bourgeons écailleux : le *Lilas*.

Les arbres dépassent la hauteur de l'homme, se divisent en branches à la partie supérieure, et leur base, qui en est toujours privée, se nomme *tronc*. Ils portent des bourgeons écailleux, comme le *Chêne*, l'*Orme*, le *Platane*.

Lorsqu'un arbre a ses rameaux dressés, comme le Peuplier d'Italie, par exemple, on dit qu'il est *pyramidal*.

Lorsque les angles sont plus écartés, on dit qu'ils sont *divergents*.

Quand ils sont plus ouverts encore, on dit qu'ils sont *étalés*.

L'ensemble des rameaux constitue la *cyme*, dont la forme varie d'une espèce à l'autre, selon la longueur des rameaux inférieurs, moyens ou supérieurs.

Il existe aussi des tiges souterraines qu'on désigne sous le nom de souche ou de rhizome ; elles ont à leur surface des nœuds vitaux.

Il n'y a que les plantes vivaces qui fournissent des tiges souterraines, et elles sont le plus souvent horizontales. Exemple : le Sceau de Salomon (Convallaria polygonatum, pl. II, fig. 1), *Asparaginées*.

Ce qu'il y a de curieux dans l'organisation de cette tige, c'est que l'extrémité la plus âgée est détruite en même temps que l'autre s'allonge, et donne un rameau tous les ans, au printemps, avec des feuilles et des fleurs.

Ainsi, les Iris, les Nymphæa, les Arum, ont une tige souterraine.

Il est encore une autre espèce qui nous est fournie par les plantes bulbeuses.

Ces plantes ont pour base un *plateau* orbiculaire, horizontal, à la base duquel est située une racine multiple, et à la partie supérieure se trouvent des feuilles sous forme d'écailles épaisses, charnues, appliquées les unes sur les autres. Ce plateau donne aussi des fleurs. (Pl. II, fig. 2.) Par sa position, il est intermédiaire à la racine et aux feuilles, et doit être rangé au nombre des tiges souterraines. Exemple : le *Lis,* l'*Oignon,* la *Tulipe.*

Il en est qui sont obliques comme la tige des Primevères. (Pl. II, fig. 7.)

Tiges grimpantes.

Les tiges grimpantes sont ordinairement celles qui, trop faibles pour se soutenir, s'accrochent à tout ce qui peut être pour elles un point d'appui. (Pl. II, fig. 4.)

Ainsi le Lierre, avec ses espèces de crampons ; le Pois, avec ses vrilles qui sont des organes avortés et dont nous parlerons plus tard.

D'autres se disposent en hélice autour de leur appui, et sont, pour cela, appelées *volubiles.* — La singulière tendance de ces plantes est encore inexpliquée, et cette torsion est toujours la même pour les plantes de la même espèce.

Ainsi, dans le *Haricot,* elle est toujours de droite à gauche, tandis que dans le *Houblon* elle est toujours de gauche à droite. (Pl. II, fig. 5.)

Tiges rampantes.

Chez un grand nombre de végétaux, la tige, probablement trop faible pour se soutenir verticalement, rampe à la surface du sol ; l'extrémité se relève, mais retombe bientôt, entraînée par son propre poids. Ces tiges rampantes poussent des racines adventives qui les fixent au sol. Exemple : la *Véronique.* (Pl. II, fig. 6.)

On dit que la tige est noueuse lorsqu'elle présente, de

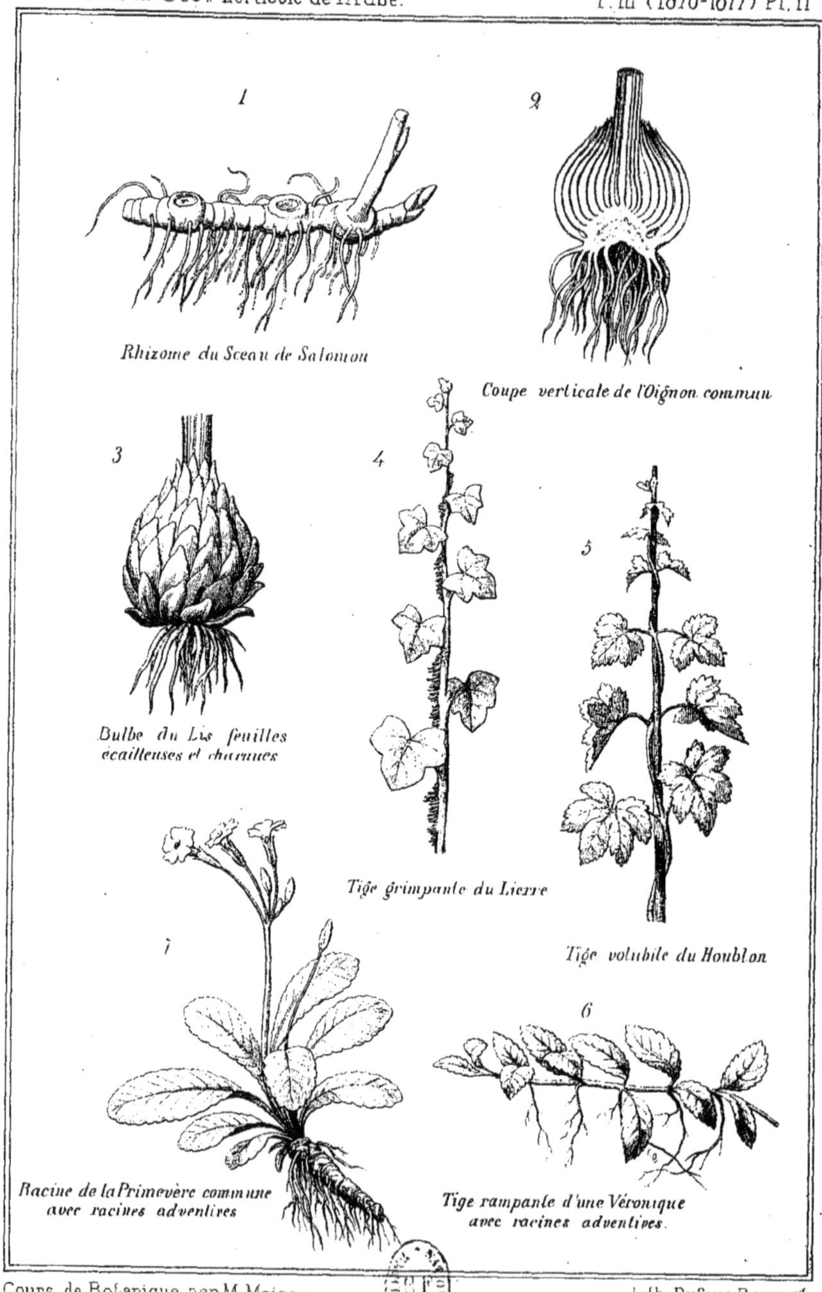

TIGES SOUTERRAINES, TIGES GRIMPANTES, TIGES RAMPANTES.

distance en distance, des renflements plus épais et plus fermes, comme le Blé, et en général toutes les Graminées. — Les feuilles partent ordinairement de chacun de ces nœuds.

Il ne faut pas confondre les nœuds avec les articulations, qui en diffèrent en ce que, dans l'articulation, les plantes se cassent facilement et que les feuilles partent d'un point toujours plus élevé que les articulations.

Tels sont les Géraniums, les Vignes, les Balsamines.

Les tiges creuses, comme celles des Graminées, prennent le nom de *chaume*, et le nom de *fistuleuse* est donné aux plantes qui sont creuses dans toute leur longueur, comme les Roseaux, la Ciguë.

On dit que la tige est *striée*, lorsqu'elle est marquée de côtes nombreuses et rapprochées. — Elle est *glabre* lorsqu'elle est dépourvue de *poils; pubescente*, lorsqu'elle est couverte de poils peu serrés et mous; *velue*, lorsqu'elle a des poils longs, mous et couchés; *tomenteuse*, lorsqu'elle est couverte de poils assez longs, souples et serrés, qui lui donnent l'apparence du velours.

Je terminerai cette étude de la tige en général, en vous faisant remarquer que, si les végétaux tendent, d'un côté, à pénétrer dans le sol, et de l'autre à monter vers le ciel, ils ont aussi cette tendance, lorsqu'ils vivent dans un milieu mal éclairé, à se diriger toujours du côté de la lumière.

Ne voyons-nous pas chaque jour, sur les cheminées de nos appartements, des vases dans lesquels on met du coton mouillé et chargé de semences? — Si l'on observe souvent la plante qui se développe, on remarque que la jeune tige se dirige toujours vers les fenêtres bien éclairées, tandis que les racines cherchent, au contraire, les endroits les plus sombres.

Ce phénomène a lieu pendant toute la durée du jour.

Avant d'aborder l'examen de la tige des végétaux exogènes, c'est-à-dire de ceux dont l'accroissement se fait extérieurement, ou mieux en dehors des couches ligneuses, je dois vous dire quelques mots touchant la division qu'on a faite des végétaux en plantes dicotylédonées, monocotylédonées et acotylédonées, et sur le tissu cellulaire.

Lorsqu'on prend un haricot, par exemple, et qu'on le met tremper dans l'eau, on peut enlever facilement la pellicule qui l'enveloppe et séparer les deux parties qui le composent : chacune de ces parties prend le nom de *Cotylédon*. Ce sont, pour ainsi dire, les *mamelles* de la plante, dont la substance sert à la nourrir, jusqu'à ce que, s'étant développée davantage, elle puisse emprunter à la terre, à l'aide de ses jeunes racines, les sucs dont elle aura besoin.

Voilà pour les végétaux *Dicotylédonés* qui forment les arbres de nos forêts.

D'autres végétaux n'en possèdent qu'un seul, comme le Maïs, le Blé, le Palmier; on les désigne sous le nom de *Monocotylédonés*.

Beaucoup d'autres végétaux n'ont point de cotylédons, tels que les Champignons, les Fougères, les Algues, les Mousses, et portent le nom de plantes *Acotylédonées*. Ainsi, dicotylédon signifie deux cotylédons; monocotylédon, un seul cotylédon, et acotylédon, qui en est entièrement privé.

Tissu cellulaire.

Lorsque l'on coupe une partie, aussi mince que possible, d'un végétal dans son extrême jeunesse, et qu'on l'examine au microscope, on remarque une quantité considérable de petites *poches* arrondies, dont les parois sont distinctes et dont les cavités, fermées de tous côtés, sont remplies de chlorophylle ou matière verte.

Ce sont ces petites poches, invisibles à l'œil nu, qui forment les cellules.

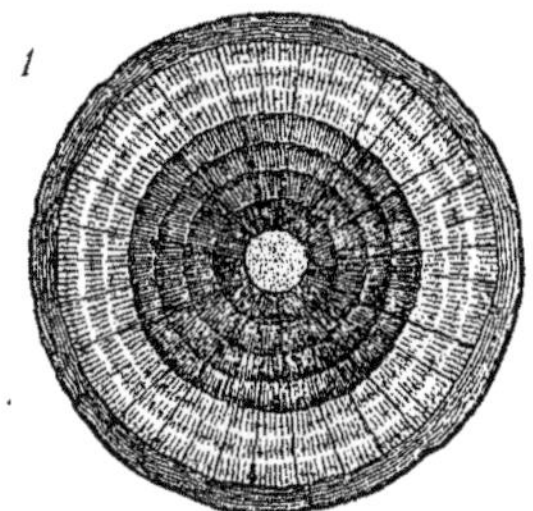

Coupe horizontale d'une tige d'Érable
avec la mœlle, le bois et les rayons
médullaires.

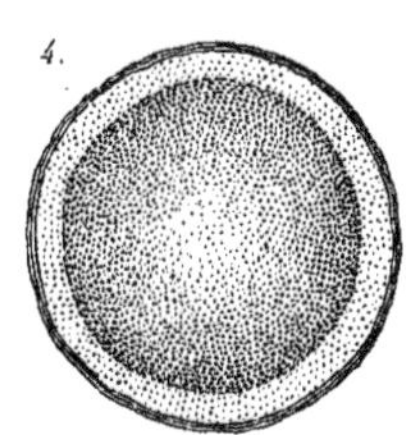

Coupe transversale d'une tige ou stipe
de Palmier. Les fibres sont peu serrées au
centre et pressées vers la circonférence.

Coupe longitudinale ou verticale d'une branche
ou d'une jeune tige de noyer avec la mœlle divisée.

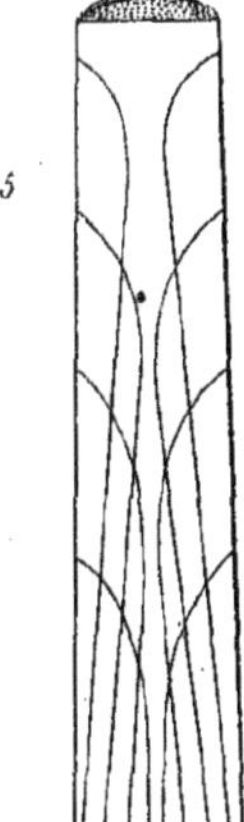

Figure montrant la marche des faisceaux
fibreux dans le stipe des Palmiers.

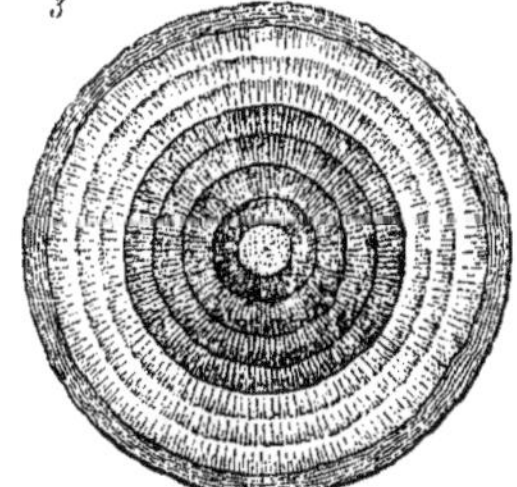

Coupe horizontale d'une tige d'Érable où l'on voit
les couches du vrai bois, plus foncées que celles de l'aubier.

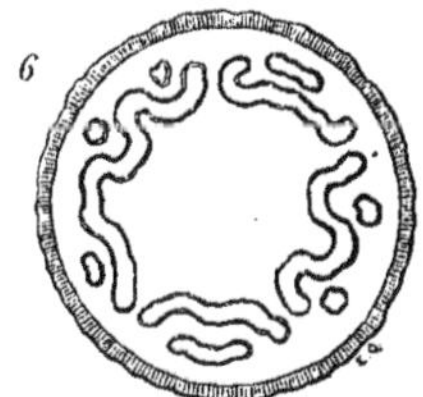

Coupe transversale de la tige d'une
Fougère arborescente, où l'on voit les
cercles et les bandes sinueuses.

Cours de Botanique par M. Maison   Lith. Dufour-Bouquot

TIGES EXOGÈNES, TIGES ENDOGÈNES.

Ces cellules ont entre elles des espaces vides que l'on nomme : meats cellulaires ou intercellulaires, et l'on a donné à leur réunion le nom de : *tissu cellulaire.*

Ce tissu constitue la plus grande partie des plantes, car il se trouve dans le plus grand nombre des végétaux, dans tous les organes, et en très-grande quantité.

Il y a même des plantes qui en sont uniquement composées.

On conçoit, dès lors, le rôle important que doit jouer le tissu cellulaire dans le phénomène si remarquable de la végétation.

Tiges exogènes (Dicotylédonées).

Lorsque l'on coupe horizontalement un arbre ayant un certain développement (pl. III, fig. 1), on remarque cinq parties différentes qui sont :

1° Au centre, la *moelle;*
2° Le corps ligneux enveloppant la moelle;
3° L'aubier ou faux bois;
4° L'écorce;
5° Les rayons médullaires.

La moelle est comme une colonne qui occupe le centre de l'arbre du haut en bas; elle est blanche verdâtre dans la jeunesse du sujet, ce qui prouve qu'elle sert à la transmission des *sucs.*

Lorsque l'arbre devient plus âgé, et qu'il a grandi assez rapidement, la moelle se divise en lames horizontales (pl. III, fig. 2), tandis que si le développement s'est fait en épaisseur, elle se divise longitudinalement.

Dans les vieux troncs, la moelle disparaît à ce point qu'il est très-difficile, et souvent impossible, de la reconnaître.

Immédiatement après la moelle se trouve le corps ligneux, ou *duramen,* qui forme la partie la plus foncée;

c'est le vrai bois, ou cœur du bois ; il est dur, compact, et c'est véritablement la seule partie qui doive être employée dans les constructions.

Tant que l'arbre n'a pas acquis son développement, ces couches ligneuses augmentent, et ne cessent de s'accroître qu'à la maturité complète du sujet, qui est différente pour chaque espèce.

Après cet âge de maturité, si l'on peut s'exprimer ainsi, le duramen n'augmente ni ne diminue, il passe pour ainsi dire à l'état de *corps mort* qui, en vieillissant, s'altère et finit par se détruire.

Vous remarquerez aussi que les couches ligneuses sont plus épaisses près du canal médullaire, parce que, ayant été formées dans l'extrême jeunesse du sujet, la végétation a été plus vigoureuse et plus abondante ; mais on remarque aussi que, si certaines couches ont peu d'épaisseur, elles témoignent alors des années de sécheresse subies par le végétal.

L'*aubier*, qui est placé immédiatement après les couches ligneuses, est, par opposition, nommé *bois imparfait,* et ces couches sont d'autant meilleures qu'elles sont placées plus près du cœur du bois.

L'aubier est blanc, ou de couleur pâle (pl. III, fig. 3) ; il est tendre et fait un mauvais bois de construction, ce qui se conçoit facilement en raison de sa porosité, de la dessiccation qu'il peut subir, et de la perte totale qui peut en résulter par le ravage des insectes.

Dans les bois colorés, comme l'Ebène, l'Acajou, l'aubier reste toujours blanc, tandis que le *duramen* est rouge ou noir.

Lorsqu'un accident produit une marque ou un trou à la surface de l'aubier, les couches, qui se forment après, recouvrent ce trou ou cette marque, en conservant la forme de la partie lésée. Ainsi, on trouve quelquefois dans de vieux troncs, des noisettes, des instruments de fer, déposés par la main de l'homme dans cette cavité, qui fut autrefois accessible.

On cite un fait curieux : **M.** de Candolle avait trouvé dans la forêt de Fontainebleau un Genévrier qui, ayant été serré entre deux rochers, avait acquis une forme particulière. Il le fit couper. — Ceci se passait en 1800. Le hasard voulut que ce Genévrier eût été gelé longtemps auparavant et n'ait pas péri, mais il portait la trace de cette gelée sur certaines couches intérieures du bois. Après avoir compté le nombre des couches superposées, depuis l'accident, on découvrit que cette blessure remontait au rigoureux hiver de 1709 ; ce qui vient confirmer pleinement la formation annuelle des couches et la possibilité d'indiquer, d'après elles, l'âge d'un arbre.

Système cortical.

L'écorce comprend quatre parties bien distinctes qui se nomment : La 1re, en commençant par la plus intérieure, le *liber*, qui avoisine l'aubier ; la 2e, la couche *herbacée* en dehors du liber ; la 3e, la couche *subéreuse*, enveloppant les deux premières ; et enfin, la couche épidermique qui vient envelopper le tout.

Le liber forme les couches corticales les plus récentes. On dit que ce nom leur vient, soit de ce que, dans plusieurs arbres, elles se détachent les unes des autres comme les feuillets d'un livre, soit, parce que jadis cette partie de l'écorce servait à faire du papier, soit enfin, et c'est la version la plus probable, qu'il ait servi à faire des livres, dont l'expression latine est précisément : *Liber*.

Il est séparé de l'aubier par une couche de tissu cellulaire, qui se transforme chaque année, d'un côté en liber, de l'autre en aubier, et qui porte aussi le nom de *cambium*.

La couche *herbacée* est donc le tissu cellulaire qui sépare l'*aubier* du *liber ;* c'est elle que l'on voit avec sa couleur verte, dans les jeunes tiges, à travers l'épiderme et la couche *subéreuse* ; elle est en communication avec la moelle centrale par les rayons médullaires.

La couche *subéreuse* vient immédiatement après la couche herbacée ; elle n'existe pas dans les très-jeunes tiges. Le Liége, dont nous nous servons, est le produit particulier du *Quercus Suber*. Cette couche est toujours dépourvue de chlorophylle.

Peu épaisse ordinairement dans la plupart des végétaux, la couche subéreuse est très-développée dans le Chêne-liége, qui en fournit des plaques considérables en épaisseur et en étendue.

Épiderme.

L'épiderme proprement dit n'existe qu'à la surface des organes aériens ; les racines en sont privées ainsi que toutes les parties submergées ; mais la partie supérieure d'une feuille vivant sur l'eau possède un épiderme.

Les cellules qui le composent sont aplaties. Elles sont unies latéralement, sans laisser jamais de méats intercellulaires, ce qui permet d'expliquer leur solidité. Ces cellules, au contraire de celles qui appartiennent aux feuilles vivant dans l'air, sont transparentes au point de laisser voir les organes sous-jacents.

4ᵉ Conférence.

—

Végétaux Endogènes.

Nous compléterons aujourd'hui l'examen des différentes sortes de tiges, commencé dans notre dernière séance.

Après les tiges des *Exogènes*, nous arrivons tout naturellement aux *Endogènes*, c'est-à-dire à celles dont l'accroissement s'opère, dit-on, en *dedans*. Si je me sers de cette expression dubitative, c'est que les opinions à cet égard sont loin d'être les mêmes.

Lorsqu'on prend une tige de Palmier et qu'on la coupe transversalement (pl. III, fig. 4), on ne trouve plus de couches concentriques comme dans les arbres de nos forêts. On y découvre une masse de parenchyme, qui n'est que du tissu cellulaire, répandu partout, et des faisceaux fibreux au sein de cette masse ; quant au canal médullaire, il n'y en a pas la moindre trace. Là, le parenchyme semble remplacer la moelle. Les faisceaux fibreux, rares au centre de la tige, sont plus nombreux, plus serrés et plus foncés vers la circonférence, ce qui donne à cette partie une teinte noirâtre.

En dehors de cette partie, règne un tissu cellulaire, qui peut être considéré comme l'écorce, et, entre les deux, une sorte de couche libérienne peu colorée. Les Palmiers sont des végétaux monocotylédonés ligneux ; ils ont toujours leurs feuilles au sommet de la tige que l'on nomme *Stipe*.

Si nous suivons la marche des faisceaux fibreux, nous verrons que la savante théorie de Hugo Molh, sur la direction des fibres, pourrait bien être la plus rationelle et renverser les autres.

Si l'on fait une coupe verticale d'un *stipe* de Palmier, on remarque des faisceaux fibreux ; si l'on suit un de ces faisceaux à partir de la base de la tige, on remarque (pl. III, fig. 5) que, peu à peu, il se dirige vers le centre ; mais, arrivé à un certain point, il se déjette brusquement vers la circonférence où il pénètre dans une feuille ; de sorte qu'en examinant deux feuilles situées l'une au-dessus de l'autre, leurs fibres se croisent toujours en un point, dans l'intérieur de l'arbre. Ainsi, les fibres de la feuille supérieure, qui est la plus nouvelle, se trouvent à la base de la plante, mais toujours en dehors des fibres de la feuille inférieure.

Cette théorie, extrêmement claire, paraît démontrer surabondamment le développement en longueur qui se fait forcément aux dépens du diamètre.

Avant cette théorie, on supposait que les fibres, que l'on aperçoit, lors de la section horizontale d'une tige de Palmier, passant par le tronc dans toute sa longueur, se déjetaient au sommet, seulement vers la circonférence, dans cet endroit où les feuilles forment une espèce de couronne.

Cette production de nouvelles fibres au centre, ayant lieu chaque année, elles devaient repousser, presser les anciennes vers la circonférence et leur donner plus de dureté; on ajoutait alors, que le bois ne pouvant plus se distendre et les fibres se pressant davantage, le développement en longueur devait surtout se faire sentir.

Il est aisé de comprendre le côté faible de cette théorie : en effet, si les fibres intérieures, se formant sans cesse, repoussaient aussi sans cesse les fibres anciennes, il est évident que la rupture des parties tout à fait externes était forcée.

Or, jamais cela n'est arrivé, car la surface des vieux Palmiers est toujours unie et régulière, et fait un contraste frappant avec la surface rugueuse et fendillée de nos arbres.

Parmi les plantes acotylédonées, on remarque les Fougères ligneuses ou arborescentes. Ces végétaux ont la tige toujours cylindrique, très-élevée comme celle des Palmiers; leur tissu fibreux se montre sur la coupe horizontale, sous la forme de cercles et de bandes sinueuses. (Pl. III, fig. 6).

En résumé, la tige des végétaux dicotylédonés diffère essentiellement des tiges monocotylédonées. Dans les premières : existence d'un canal médullaire, de couches concentriques ligneuses et accroissement en dehors de ces couches; dans la seconde : absence de canal médullaire, point de couches ligneuses concentriques, accroissement insensible en diamètre mais considérable en hauteur.

Enfin, l'âge de ces végétaux peut être reconnu au

nombre de marques laissées par les anciennes feuilles sur
la tige.

Feuilles.

Jusqu'alors nous n'avons eu sous les yeux que des racines et des tiges, dont l'histoire est sans doute fort intéressante au point de vue organographique ; mais la nudité de
ces tiges, qui cependant nous a permis de les étudier librement, ne laisse pas que ne nous attrister un peu.

En effet, il semble, à voir ces rameaux dépourvus de
feuilles, un de leurs plus beaux ornements, que le sombre
hiver nous enveloppe encore, qu'il nous étreigne de sa main
glacée, et vienne parfois porter en notre âme la tristesse et
l'ennui.

Aujourd'hui, la vie commence à renaître, la nature se
réveille, le soleil vient nous réchauffer ; ses rayons cares-
sants nous disposent au sourire ; c'est enfin une nouvelle
existence pour le monde entier, puisque tous les êtres animés
sont soumis à son empire.

Le renaissance des feuilles est donc, de tous les phénomènes de la nature, celui que l'on attend avec le plus d'im-
patience ; on salue son retour avec joie, car on sait qu'après
les feuilles, les fleurs ne tarderont pas à paraître et complé-
teront ainsi cette splendide parure, qui fait du printemps la
plus douce, la plus belle et la plus agréable des saisons.

Si les feuilles n'ont pas la teinte séduisante des fleurs, si
elles n'en ont pas le parfum, elles sont plus durables et
plus nombreuses, elles reposent la vue.

Les feuilles ne sont pas seulement destinées à nous
donner de frais ombrages, à faire l'ornement de nos jardins
et de nos forêts ; elles ont des fonctions différentes, et des
plus importantes, dans l'acte de la végétation. C'est sous ce
point de vue que nous allons les étudier.

On doit considérer les feuilles comme les dernières divisions des rameaux, ou mieux comme une expansion de leur

écorce. Elles sont limitées dans leur grandeur et dans leur forme et, lorsque cette forme et cette grandeur sont atteintes, elles ne sont plus susceptibles d'accroissement.

Au contraire des racines qui augmentent leurs divisions et leur chevelu, pour pénétrer dans la terre, les feuilles multiplient leur surface, dans le but de présenter à l'air, par la partie supérieure, le plus de contact possible, afin d'absorber les éléments propres à l'élaboration de la sève, soit que l'une de ces surfaces absorbe ces éléments, soit que l'autre rejette, par une sorte de transpiration, les substances impropres, nuisibles à leur alimentation.

On peut dire que la feuille est le prolongement de la moelle, puisque c'est un bouton qui lui a donné naissance, et que le bouton lui-même n'a pas d'autre origine.

En effet, dans ce prolongement qu'on appelle *queue de la feuille,* et qui, scientifiquement, porte le nom de *pétiole,* du nom latin *petiolus,* qui signifie *petit pied,* dans ce prolongement, dis-je, on retrouve les éléments de la tige, c'est-à-dire des fibres *ligneuses,* des fibres de *liber,* un canal médullaire, et enfin du tissu cellulaire.

Ces fibres pétiolaires, si l'on peut s'exprimer ainsi, se prolongent jusqu'au sommet de la feuille, et forment une sorte de réseau qui est le squelette de la feuille. Il est divisé à l'infini, et ces divisions prennent le nom de nervures.

C'est dans l'intervalle de ces nervures que se loge le *parenchyme* qui n'est autre chose que du tissu cellulaire, et qui doit sa couleur verte à la chlorophylle dont les végétaux contiennent une si grande quantité.

On appelle *limbe* cette partie de la feuille qui est étalée, et qui est formée par l'épanouissement des fibres du pétiole.

Cette organisation bien comprise, il s'agit de placer ces feuilles le plus avantageusement possible, afin qu'elles puissent remplir leurs importantes fonctions.

Ordinairement placées dans une position horizontale, les

feuilles présentent à l'air leur surface supérieure, et à la terre leur surface inférieure; cette condition est tellement rigoureuse, que si l'on courbe un rameau, et que l'on renverse la position des feuilles, elles se retourneront malgré tout, et reprendront exactement leur position naturelle.

Dans certaines plantes herbacées, telle que les Mauves, les feuilles suivent le cours du soleil; le matin, elles présentent leur face supérieure au *levant;* vers le milieu du jour, elles regardent le *midi,* et le soir, elles sont tournées vers le *couchant.* Si nous examinons les feuilles de l'Acacia, nous verrons que, lorsque le soleil vient à les échauffer, toutes les folioles tendront à se rapprocher par la surface supérieure; elles formeront alors une espèce de gouttière tournée vers le soleil.

Pendant la nuit ou dans un temps humide, ces mêmes folioles se renversent en sens contraire et se rapprochent par leur face inférieure, de façon à former une gouttière tournée vers la terre. Les feuilles, comme les racines, sont destinées à la nutrition des plantes, c'est-à-dire qu'elles prennent dans l'air des sucs nourriciers, qu'elles distribuent dans toutes les autres parties.

Cette absorption se fait à l'aide des *stomates* qui sont des ouvertures microscopiques dont l'épiderme est percé dans la plupart des parties en contact avec l'atmosphère.

Dans le Lilas, par exemple, ces stomates sont si nombreux que, dans un centimètre carré, on en découvre plusieurs milliers.

Les stomates existent particulièrement dans les parties exposées à l'air; les fleurs et les fruits n'en présentent jamais. Plus une feuille renferme de stomates, plus elle est sèche et facile à dessécher. On concevra, dès lors, sans peine, pourquoi les plantes grasses restent toujours molles, lorsqu'on saura que chaque feuille ne renferme que cinq ou six stomates.

Il est à remarquer aussi que les feuilles qui flottent au

sein des eaux n'ont ni stomates ni épiderme, tandis que celles qui sont à la surface de l'eau, comme les Nénuphars, possèdent une couche épidermique et de nombreux stomates.

En général, les feuilles sont placées symétriquement et de telle façon que les supérieures ne recouvrent jamais les inférieures. Tantôt elles sont placées sur deux lignes opposées et parallèles, tantôt elles montent sur la tige en une ou plusieurs spirales. Enfin, la surface inférieure est moins lisse que la surface opposée, elle est plus pâle et couverte d'aspérités dont la fonction est d'arrêter les vapeurs et à en favoriser l'absorption ; tandis que la face supérieure, qui est lisse, vernissée, sans nervures saillantes, paraît avoir pour mission de rejeter les gaz nuisibles et de s'imbiber de calorique et de lumière.

Toutes ces conjectures sont confirmées par des expériences. Ainsi, deux feuilles prises sur le même arbre et placées sur l'eau, l'une, par sa face inférieure, conservera très-longtemps sa fraîcheur, tandis que la seconde, placée dans le sens opposé, c'est-à-dire la face supérieure étant sur l'eau, ne tardera pas à périr.

C'est à l'approche de la nuit, cela paraît bien démontré, que les feuilles commencent leurs fonctions de nutrition, tandis que pendant le jour, et surtout pendant la chaleur, elles rejettent, par expiration, les gaz nuisibles à leur développement.

Et, voyez comme tout s'enchaîne d'une façon merveilleuse, l'air que nous respirons, et qui est constamment vicié par le fait même de cette absorption, cet air, accumulé dans l'espace, deviendrait pour nous un véritable poison, si les végétaux, à l'aide de leurs feuilles et des fonctions diurnes et nocturnes qu'elles remplissent, ne l'absorbaient, ne le purifiaient pour nous le rendre essentiellement vital et respirable.

Ne sommes-nous pas charmés lorsque, pendant le jour, nous parcourons ces jardins parés des fleurs de tous les

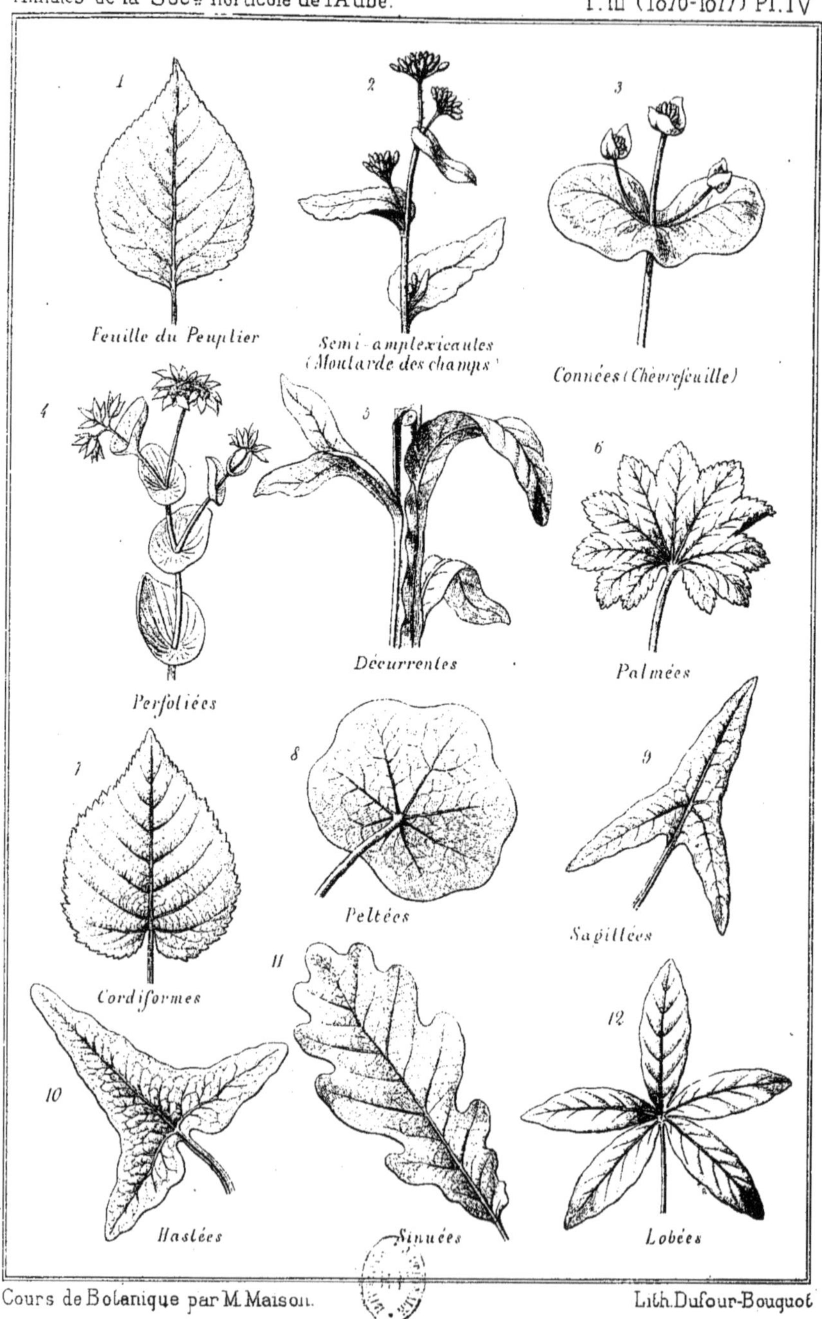

FEUILLES SIMPLES

climats ?.Sans doute, mais notre admiration redouble, lorsque nous visitons ces mêmes plantes après le coucher du soleil.

Tout à l'heure, les fleurs étaient toutes épanouies, les feuilles dressées, agitées par la brise, se balançaient mollement...; maintenant, elles sont pendantes, les fleurs sont fermées ou renversées. C'est à cet état que certains botanistes ont donné le nom de : sommeil des plantes.

Ne dirait-on pas que, comme nous, elles ont un impérieux besoin de repos et de calme. On pourrait le supposer, mais tout porte à croire que ces changements n'ont qu'un but, celui de les protéger contre l'humidité des nuits.

On admet généralement deux espèces de feuilles : les feuilles *simples* et les feuilles *composées*.

On dit qu'elles sont simples, lorsqu'elles sont seulement formées par une lame mince, plus ou moins grande, qu'on appelle *limbe* et dont nous avons déja parlé.

Quand le limbe est fixé directement à la tige par une partie rétrécie, cette partie prend le nom de *queue* ou de *pétiole*. La feuille est alors *pétiolée*. Dans le cas contraire, elle est *sessile*.

Une feuille est *simple* et *complète*, lorsqu'elle est formée d'un limbe, d'un pétiole, que toutes ses parties sont adhérentes entre elles, tandis qu'elle est *composée* lorsque certaines parties, appelées Folioles, sont articulées sur le pétiole comme celui-ci l'est sur la tige.

Les feuilles affectent différentes formes.

Elles sont *simples* comme dans le Peuplier (Pl. **IV**, fig. 1), les Graminées.

Elles sont *semi-amplexicaules* dans la Moutarde des champs, c'est-à-dire embrassant à demi la tige. (Pl. **IV**, fig. 2.)

Elles sont *perfoliées*, quand la tige traverse les feuilles : Buplèvre à feuilles rondes. (Pl. **IV**, fig. 4.)

Elles sont *connées*, c'est-à-dire soudées, réunies par leur base comme dans le Chèvrefeuille. (Pl. IV, fig. 3.)

Décurrentes, lorsque de leur base elles courent le long de la tige : la Grande-Consoude. (Pl. IV, fig. 5.)

Elles sont *dentées, crénelées;*

Palmées, lorsqu'elles imitent les doigts de la main ouverte. (Pl. IV, fig. 6.)

Digitées, quand elles affectent la forme des doigts;

Aiguës ou *pointues ;*

Cordiformes, c'est-à-dire en pointe au sommet, échancrées et arrondies à la base et ressemblant à un cœur. (Pl. IV, fig. 7.)

Peltées, lorsqu'elles ressemblent à un parasol ou à un bouclier; le pétiole est fixé au milieu du limbe. (Pl. IV, fig. 8.)

Sagittées, en flèche. (Pl. IV, fig. 9.)

Hastées, en pique. (Pl. IV, fig. 10.)

Découpées, lorsque les divisions du limbe sont assez profondes, sans atteindre cependant la nervure principale.

Sinuées, c'est-à-dire à contours largement arrondis : le Chêne. (Pl. IV, fig. 11.)

Pennatifides, lorsque les divisions sont placées à peu près comme les barbes d'une plume : le Chardon.

Quant à leur situation, elles sont alternes, opposées, verticillées ou en anneau autour de la tige ; on dit qu'elles sont radicales lorsqu'elles partent du collet de la racine, et caulinaires quand elles sont insérées sur la tige et la racine, c'est-à-dire paraissant tenir à la racine.

Elles sont *lobées*, quand les divisions donnent lieu à des découpures élargies. (Pl. IV, fig. 12.)

Elles sont *rondes, ovales, lancéolées*, etc., etc.

Voilà les principales formes des feuilles et celles qui se présentent le plus souvent.

Nous arrivons aux feuilles *composées.*

C'est seulement dans quelques familles de plantes dicoty-

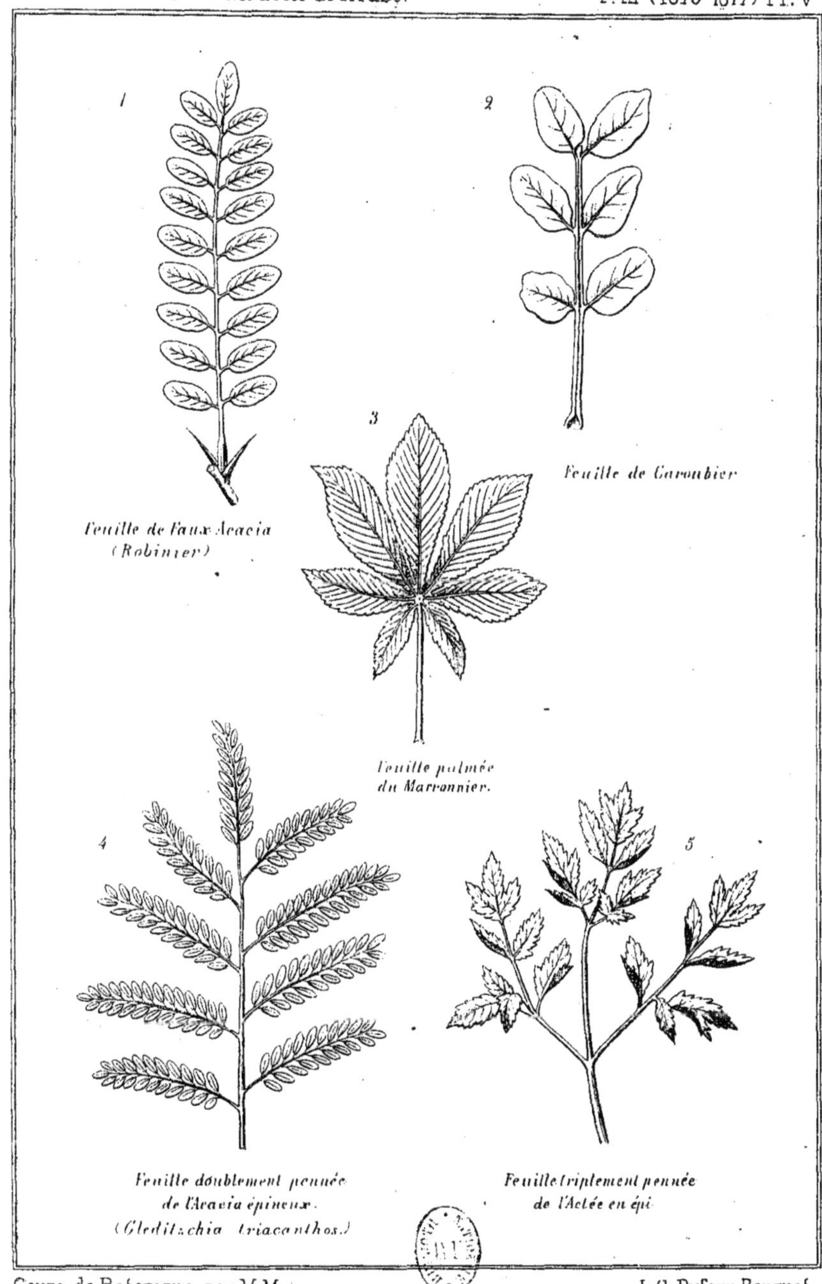

FEUILLES COMPOSÉES

lédonées que l'on rencontre des feuilles composées. Elles ont un pétiole commun qui porte de côté, ou à son extrémité, des divisions que l'on appelle *folioles*.

Ainsi, la feuille *pennée* du Robinier. (Pl. V, fig. 1.)
la feuille *palmée* du Marronnier. (Pl. V, fig. 3.)
la feuille *doublement pennée* de l'Acacia épineux. (Pl. V, fig. 4.)
la feuille *triplement digitée* de l'Actée en épi. (Pl. V, fig. 5.)
la feuille *pari-pennée* du Caroubier. (Pl. V, fig. 2.)

Comme dans les feuilles simples, le pétiole est plus ou moins allongé. Les folioles sont le plus souvent *articulées;* elles sont quelquefois *sessiles*, mais ordinairement *pétiolulées*.

Parmi les plantes à feuilles composées, il en est qui ont des propriétés remarquables : propriétés de mouvement. Chacun de vous connaît la Sensitive et son extrême irritabilité ; l'approche du doigt suffit pour la produire ; le passage subit d'un lieu obscur dans un lieu éclairé ; non-seulement les folioles sont irritables, mais leurs pétioles et les jeunes rameaux le sont très-sensiblement.

Nos Rossolis d'Europe, petites plantes qui croissent dans les marais tourbeux, ont leurs feuilles chargées de poils glanduleux. Si l'on irrite ces poils, ils se recourbent et la feuille prend la forme d'une bourse. Dans cette plante d'Amérique, surnommée Attrape-mouche, le *Dionæa muscipula,* les mouvements et la constitution de ses feuilles sont des plus remarquables. Les feuilles sont divisées à leur sommet en deux lobes réunis par une charnière, le long de la nervure du milieu ; lorsqu'un insecte, par exemple, vient à toucher la face supérieure de ces lobes, ils se ferment aussitôt en se rapprochant l'un de l'autre, croisent les cils qui les bordent et retiennent l'insecte captif. Plus il se débat, plus les lobes se resserrent ; on les romprait plutôt que de les forcer à s'ouvrir. Mais, lorsqu'épuisé de fatigues, l'insecte devient immobile, les lobes s'écartent et le prisonnier recouvre sa liberté.

Il y a dans les Indes une plante bien plus étonnante encore, le *Nepenthes*. Dans cette plante, la nervure du milieu se prolonge bien au-delà du sommet de la feuille, se contourne, se redresse et vient se terminer en forme d'urne de 8 à 10 centimètres de longueur, sur 2 ou 3 de diamètre; elle est surmontée d'un couvercle à charnière qui s'ouvre et se ferme à différentes époques du jour, selon l'état de l'atmosphère. Cette urne se remplit d'une eau douce et limpide, distillée par la partie interne du vase; alors, l'urne se ferme; elle s'ouvre dans le courant du jour, se vide à moitié par évaporation, et se remplit de nouveau dans la nuit suivante.

5° Conférence.

—

Les Stipules.

Les feuilles possèdent des organes accessoires. Ce sont : les stipules, les vrilles, les épines, les aiguillons, les poils et les glandes.

Ces organes naissent sur les branches, sur les rameaux, parmi les feuilles, et font souvent partie de ces dernières.

Des deux côtés de chaque feuille, on aperçoit, sur la tige de plusieurs plantes, de petits corps ayant une grande analogie avec les feuilles, et qui sont encore peu connus. Ce sont les *stipules*.

Les stipules sont de même nature que la feuille; habituellement plus petites, elles sont placées à droite et à gauche, à la base des feuilles. (Pl. VI, fig. 1). On les ren-

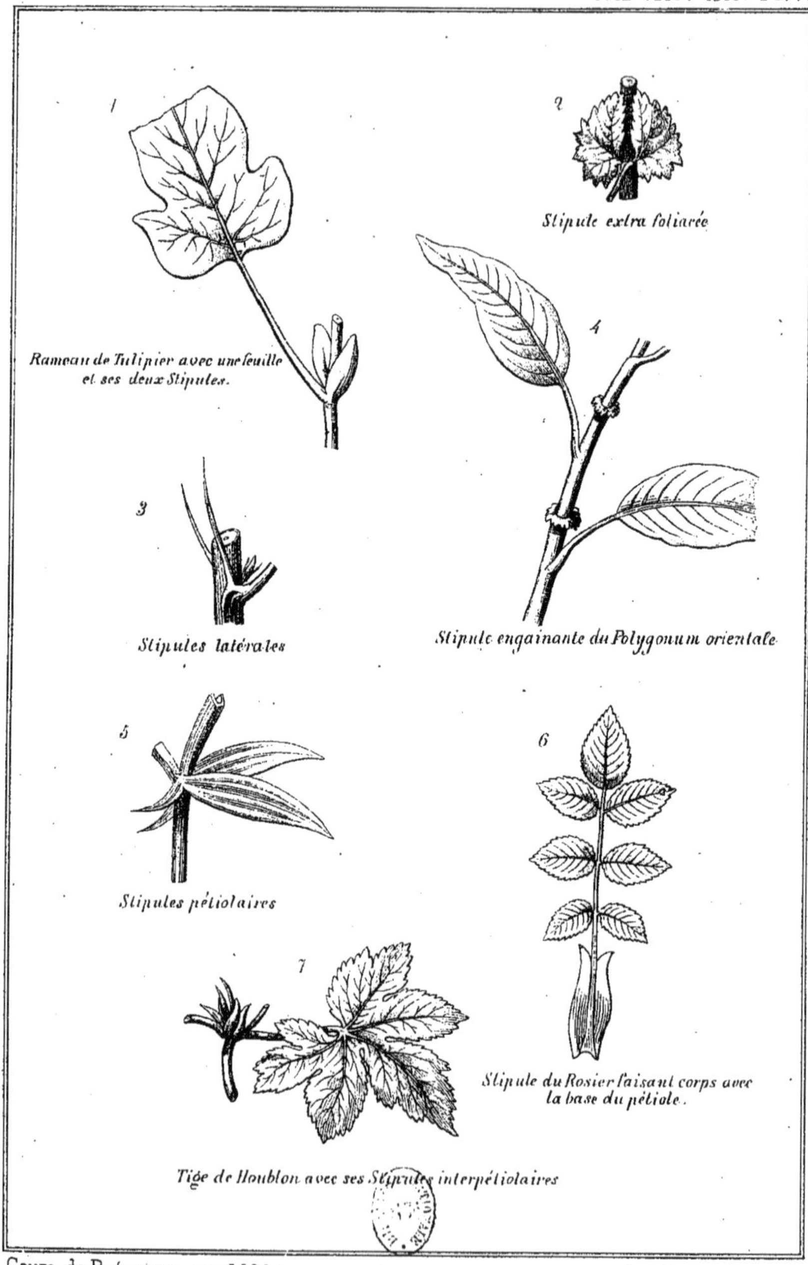

Cours de Botanique par M. Maison   Lith Dufour-Bouquot

LES STIPULES

contre rarement dans les plantes monocotylédonées, mais souvent dans les dicotylédonées.

Elles sont destinées à protéger les feuilles et les bourgeons dans leur berceau, en les préservant du contact de l'air ; elles se développent en même temps, mais leur durée est plus courte, car leurs fonctions remplies, elles se fanent et meurent.

Il en est cependant qui vivent plus longtemps ; il faut croire, alors, qu'elles sont encore utiles au végétal, soit en les protégeant à l'extérieur, soit en remplissant les mêmes fonctions que les feuilles qu'elles remplacent, comme dans le *Lathyrus aphaca,* plante qui appartient à la famille des Légumineuses.

Les stipules ne sont point la production du hasard, puisqu'on les retrouve dans toutes les espèces de la même famille ; ainsi, les Légumineuses, les Rubiacées, les Amentacées, les Rosacées ont des stipules, tandis que les Renonculacées, les Myrtacées, les Solanées n'en ont pas.

Dans les Amentacées, elles sont *dures* comme des écailles, et elles sont *foliacées* dans les malvacées.

On distingue les stipules par leur position ou par leur point d'attache.

Elles sont *caulinaires* lorsqu'elles sont placées sur la tige et qu'elles ne sont fixées aux feuilles que par un point à peine sensible ; ou *extra-foliacées* quand elles sont en dehors de l'insertion des feuilles. (Pl. VI, fig. 2.)

Elles sont *latérales,* c'est-à-dire placées sur la tige, des deux côtés et à la base du pétiole. (Pl. VI, fig. 3.)

Tubulées ou *vaginales,* quand elles forment autour de la tige un tube ou une gaîne, qui se termine très-souvent en un limbe plane et élargi en collerette, comme dans la plupart des Polygonum et notamment dans le *Polygonum orientale* ; ou bien seulement en une gaîne simple, sans collerette, comme dans les Rumex. (Pl. VI, fig. 4.)

Elles sont *pétiolaires* quand elles sont attachées sur le pétiole. (Pl. VI, fig. 5.)

On les dit *marginales* lorsqu'elles sont décurrentes ou courantes le long de chaque côté du pétiole dont elles se séparent à leur sommet, sans se réunir à la lame de la feuille, comme dans la Ronce, le Rosier. (Pl. VI, fig. 6.)

On donne le nom de Stipule *interpétiolaire* aux feuilles opposées stipulées, c'est-à-dire, que les deux stipules d'une feuille se réunissent aux deux stipules de l'autre feuille, pour ne faire que deux stipules composées : le Houblon. (Pl. VI, fig. 7.)

Il est à remarquer que les stipules, naissant toujours après les feuilles, se développent plus rapidement qu'elles, et servent encore à les protéger dans leur première jeunesse.

La plupart de nos arbres en fournissent un exemple, mais cela est plus sensible encore dans le Tulipier, magnifique végétal de la famille des Magnoliacées, où elles acquièrent un rapide développement.

On dit que la stipule est axillaire lorsque les deux stipules se soudent par les bords internes pour donner naissance à un seul organe situé à l'aisselle de la feuille.

On appelle aisselle de la feuille, l'angle formé par une feuille ou par un rameau, soit sur une branche, soit sur la tige.

On considère, en général, les stipules comme des feuilles avortées. On dit qu'elles sont vraies lorsqu'elles sont insérées sur la tige ou les rameaux, tandis qu'elles sont fausses lorsqu'elles sont insérées sur le pétiole.

Les Vrilles.

Les vrilles ou mains ont avec les feuilles une grande analogie, sinon de formes, du moins d'organisation.

Toutes les plantes ne peuvent pas se diriger vers le ciel ; les unes, privées des moyens de s'élever, rampent sur la terre ; d'autres, trop faibles pour conserver une position verticale, seraient condamnées à subir le même sort, si la nature ne les eût pourvues d'organes à l'aide desquels elles parviennent, malgré leur délicatesse, à des hauteurs souvent considérables.

C'est alors qu'au lieu de voir rouler dans la poussière ces fleurs charmantes et gracieuses, nous admirons leurs élégantes guirlandes qui descendent du haut des arbres, se balancent au gré du vent et, dans certaines espèces, font croire qu'elles sont produites par l'arbre qui les soutient. Une simple modification a suffi pour produire ce phénomène ; la nature a donné une autre direction à leur développement : alors, au lieu de se présenter en un limbe étalé, qui est la feuille proprement dite, le pétiole s'allonge et se contourne en longs filets spiraliformes ; on pourrait croire que, par une sorte d'instinct, ou mieux, par une attraction particulière, ces plantes se penchent et se dirigent vers les corps qui peuvent leur servir d'appui.

Ce changement des pétioles en vrilles n'empêche pas toujours le développement des feuilles, car, dans la Clématite, les pétioles roulés en vrille se transforment en une feuille ailée ; dans les Gesses, les Orobes, le pétiole traverse la feuille dans sa longueur, comme une forte nervure, et se termine en vrille.

Dans certaines espèces, comme dans la Vigne, la Courge, etc., etc., les pédoncules eux-mêmes se convertissent en vrilles, et il arrive souvent même que, sous l'influence de la force végétative, ces pédoncules produisent des fleurs et des fruits avortés.

Enfin, certaines plantes sont remarquables par la faculté qu'elles ont de soutenir leur faiblesse, en s'enroulant autour des corps qui sont à leur portée, et, s'il ne s'en trouve pas, elles se soutiennent les unes les autres, et s'enchevêtrent tellement que, par leur réunion, elles acquièrent une force d'ascension qu'elles ne pourraient jamais avoir isolément.

Les vrilles sont *simples, bifides* ou *rameuses.*

Elles sont *pétiolaires* lorsqu'elles sont formées par le pétiole.

Pédonculaires, quand elles le sont par les pédoncules;

Foliaires, c'est-à-dire formées par le prolongement du pétiole qui traverse la feuille dans sa longueur;

Axillaires, ou situées aux aisselles des feuilles;

Opposées, comme dans la Vigne;

Roulées, en dehors ou en dedans.

Il est à remarquer que ce phénomène n'a lieu que pour les plantes faibles qui tomberaient infailliblement sans le secours de ces vrilles.

Evidemment, il est une force invisible qui change les développements du pétiole en feuille pour le prolonger en vrille. Quelle est donc cette puissance? C'est un de ces mystères encore inexpliqués, auxquels, jusqu'alors, on a prêté trop peu d'attention!

Les Epines, les Aiguillons.

On a dû se demander bien souvent pourquoi la rose, cette fleur si brillante, si séduisante, dont la beauté nous attire et semble nous inviter à la cueillir, pourquoi la rose porte-t-elle des épines? Pourquoi le Framboisier, qui produit un fruit si savoureux et si fin, porte-t-il des épines? On dirait volontiers que ce sont autant de sentinelles avancées, dont la mission est de protéger tant de délicatesse et de splendeur.

A l'extérieur, les épines et les aiguillons ont une telle analogie, qu'il est souvent difficile de les reconnaître; ils diffèrent cependant par leur insertion et leur nature.

Les épines appartiennent au corps ligneux, et il est impossible de les enlever sans déchirer, sans arracher le bois.

Les aiguillons appartiennent à l'écorce, et peuvent être séparés sans laisser aucune trace ; ils sont formés de tissu cellulaire compacte et serré.

Les épines sont *simples* quand elles n'offrent aucune ramification ; *rameuses, fasciculées, subulées* ou en alène, *aciculaires* ou comme des aiguilles, courbées en *crochet,* en *hameçon.*

Les aiguillons ont à peu près les mêmes formes.

Les Poils, les Glandes.

Les poils sont la parure des feuilles comme celle de la robe des animaux ; ils rompent l'uniformité de la verdure, ils se nuancent de mille couleurs ; il y en a de blancs, de gris, de noirs, de jaunes, de bruns et de pourpres.

Il est quelquefois difficile de distinguer les poils des aiguillons. Ainsi, la Bourrache a des poils dont la base élargie les fait ressembler à des aiguillons ; ils sont plus mous, plus déliés, plus flexibles.

Lorsqu'ils se terminent par un ou plusieurs renflements, on dit qu'ils sont *glanduleux ;* ils renferment alors une liqueur particulière, sécrétée par leurs parois. Ces liquides sont de nature différente ; ils sont visqueux, acides, caustiques.

Lorsque, par hasard, nous touchons à l'ortie, ce n'est pas la pointe acérée du poil qui nous cause de la douleur, c'est la liqueur brûlante qu'il verse dans la plaie. Le poil de l'Ortie, *Urtica urens,* a son sommet terminé par une sorte de bouton oblique, la base est renflée et cachée en partie par une gaîne celluleuse donnée par l'épiderme de la feuille.

Les plantes qui poussent dans les lieux secs et exposés au soleil portent des poils fort nombreux, tandis que celles qui croissent dans les endroits humides et ombragés ne portent que des poils très-rares ; ils les perdent même, en partie, par la culture.

Les glandes sont composées de plusieurs cellules ; elles sont ordinairement remplies d'une huile volatile incolore ou légèrement colorée. Dans le *Millepertuis*, par exemple, ou *Hypericum perforatum*, on remarque facilement ces glandes lorsque l'on place la feuille entre l'œil et la lumière ; elles se présentent sous la forme d'une multitude de points transparents, et si l'on vient à broyer la feuille, l'huile volatile qu'elle renferme répand une odeur assez agréable. Le Myrte et l'Oranger sont dans ce cas.

Enfin, les plantes Labiées, les *Glaciales*, le *Rhododendrum punctatum* portent des glandes sécrétantes.

Bourgeons.

Nous avons vu comment les feuilles vivent et se développent, leurs différents états, leurs importantes fonctions ; mais, ce qu'il importe de savoir, ce qui est aussi fort curieux, c'est l'étude du *Bourgeon*, cette espèce d'étui, cette sorte d'enveloppe, préparée dès longtemps par la nature et destinée par elle à devenir le berceau des feuilles.

Au retour des frimas, les feuilles tombent, mais de nouveaux bourgeons les remplacent et doivent les renouveler.

L'intérieur du bourgeon est la source de cette brillante parure qui naît et meurt chaque année ; il mérite donc de fixer notre attention.

Un bourgeon renferme plusieurs feuilles diversement arrangées et placées de telle façon que les inférieures recouvrent toujours les supérieures.

Si nous examinons le bourgeon du Lilas, et que nous le coupions verticalement, nous reconnaîtrons un axe central, composé de tissu cellulaire sur lequel sont attachées les feuilles ; plus tard, cet axe deviendra un rameau, mais, si le bourgeon est terminal, il est évident qu'il ne peut que prolonger la tige et non l'augmenter dans le sens latéral.

Le bourgeon se forme toujours au-dessous de l'écorce,

sur le système ligneux, au point où aboutit un rayon médullaire.

On distingue deux sortes de bourgeons : les bourgeons *nus* et les bourgeons *écailleux*.

On dit qu'ils sont nus lorsqu'ils manquent de tout moyen de protection et que leur évolution marche sans interruption, comme dans les végétaux herbacés.

Mais il n'en est pas de même des arbrisseaux et des arbres qui croissent dans les climats froids ou tempérés, car leurs bourgeons ne se développent qu'au retour du printemps. On dit alors qu'ils sont écailleux, et les écailles qu'ils portent pendant l'hiver ont pour mission de protéger les feuilles contre le froid et l'humidité.

Ces écailles tomberont au retour des rayons du soleil printanier.

On doit cependant faire une exception en faveur de quelques arbrisseaux de nos contrées, qui ne portent pas de bourgeons écailleux, tels que la Viorne (*Viburnum*), le Nerprun bourdaine (*Rhamnus frangula*) qui, comme les végétaux qui portent des bourgeons écailleux, supportent, sans souffrir, les plus grandes chaleurs comme les plus grands froids.

On donne le nom de *Prompt-Bourgeon* à celui qui, ayant pris naissance sur des rameaux à boutons dormants, donne dans la même année une seconde pousse de rameaux.

Les horticulteurs, par une taille spéciale et intelligente, savent bien les faire développer sur nos arbres fruitiers, en les dirigeant plus tôt vers la ramification qui doit leur faire jeter des fleurs et des fruits.

Les différents états qu'occupent les jeunes feuilles dans le bourgeon sont fort curieux.

Dans le Peuplier et le Nerprun, les bords des feuilles sont roulés en dedans ;

Dans le Laurier-rose et le Romarin, ils sont roulés en

dehors; dans le Bouleau, la feuille est plusieurs fois plissée et repliée sur elle-même; dans le Bananier, chaque feuille est roulée sur elle-même, tellement que l'un de ses bords représente un axe autour duquel le reste du limbe décrit une spirale; dans les Fougères, les feuilles sont roulées du sommet à leur base en volute ou en crosse; dans la Vigne, le Groseillier, elles sont pliées en éventail; dans l'Aconit, elles sont plissées de haut en bas.

Il y a des bourgeons *adventifs* comme il y a des racines; ce sont ceux qui naissent en dehors des règles ordinaires. Ainsi, lorsqu'on étête un Saule, la séve, qui devait nourrir les rameaux tombés, s'accumule au sommet du tronc, où bientôt se développent des bourgeons adventifs qui donnent naissance à des rameaux placés sans ordre et sans aucune symétrie.

Bourgeons souterrains.

Ces bourgeons, qui portent aussi le nom de *Turion,* prolongent beaucoup leur base avant de laisser paraître à la lumière les parties qu'ils renferment à l'état rudimentaire. Plus le rhizome est situé profondément, plus l'allongement est considérable. Exemple : les *Asperges.*

Bourgeons mobiles.

Les bourgeons *mobiles* ou *caducs* sont ceux qui se séparent de la plante mère à un moment donné, pour produire des individus complets et non de simples rameaux.

Il y en a de deux sortes, qui sont nommés *caïeu* et *bulbille.*

Les premiers appartiennent aux plantes bulbeuses, comme le Lis blanc, l'Oignon; ils sortent des feuilles modifiées qui forment les tuniques ou les écailles du bulbe.

Les bulbilles ont une organisation qui mérite notre attention : dans la Renoncule bulbeuse, par exemple, plante extrêmement commune chez nous, les feuilles inférieures portent à leur aisselle, après la floraison, des espèces de bourgeons qui, tout d'abord, ressemblent aux bourgeons nus des plantes herbacées, mais s'en écartent bientôt. Ils se développent facilement et forment aussi des réservoirs de substances nutritives ; le nouveau sujet pourra donc végéter en dehors de la plante mère, dès que celle-ci aura cessé de vivre.

Il arrive souvent que les jeunes feuilles d'un bourgeon avortent, et que la branche qui devait se développer se modifie dans un autre sens pour former un organe mince, plus ou moins long, fort aigu, que l'on nomme *épine ;* le *Néflier* commun à l'état sauvage et l'*Aubépine* sont dans ce cas.

Nous allons bientôt entrer dans une nouvelle phase, l'étude des fleurs. Tous ces organes qui sont passés sous nos yeux sont merveilleux, sans doute, mais ils ne sont que les simples décorations d'un spectacle plus merveilleux encore, qui nous procurera les jouissances que peuvent éprouver les vrais amants de la nature.

6ᵉ Conférence.

Organes de la Reproduction. — Les Fleurs. — Inflorescence.

Un savant botaniste disait : La nature étale avec faste, dans les végétaux, les organes de la reproduction : couleurs séduisantes, odeurs suaves, élégance dans la forme, grâces dans le développement et le port ; tous ces attributs, souvent prodigués aux fleurs les plus communes, font du moment de la floraison, c'est-à-dire de la génération des plantes, une belle parure et l'époque la plus brillante de leur vie.

Généralement, on donne le nom de fleurs à ces feuilles brillantes de coloris qui entourent les organes sexuels, et qui portent le nom de pétales, et, lorsque ces organes viennent à manquer, on dit ordinairement que les fleurs manquent aussi; c'est une erreur, car, à l'exception de quelques plantes cryptogames, telles que les *Byssus,* les Conferves, les Champignons et d'autres, dont le système de fécondation est imparfaitement connu, toutes les plantes portent des fleurs, ou tout au moins des organes propres à la reproduction des individus.

Ainsi, il est donc bien certain que la véritable fleur, en botanique, du moins, réside dans la présence des organes sexuels seulement, dont les mâles ont reçu le nom d'*Etamine* et les femelles celui de *Pistil.*

Lorsqu'une fleur renferme ces deux organes dans la même enveloppe, on dit qu'elle est *hermaphrodite.*

Quand ces deux organes, les étamines et les pistils, sont sur le même pied, mais dans des fleurs séparées, on dit la plante *monoïque.*

Lorsqu'au contraire, l'un de ces organes se trouve sur un pied et l'autre sur un second pied, ou, en d'autres termes, si le mâle et la femelle sont placés sur des pieds séparés, ces plantes sont appelées *dioïques.*

L'explication de ces différents termes ne sera pas, je crois, inutile.

Hermaphrodite était fils de Mercure et de Vénus; un jour qu'il se baignait, la Naïade qui présidait à ces lieux conçut pour lui le plus violent amour, et supplia les dieux d'unir leurs corps indissolublement. Les dieux, touchés de tant d'amour, accédèrent à ce désir, et Hermaphrodite conserva désormais les deux sexes.

Une plante hermaphrodite porte donc les deux sexes.

Monoïque signifie une seule habitation, un même pied par conséquent.

Dioïque veut dire deux habitations séparées, représentées

par deux plantes de la même espèce; l'une portant les organes mâles, l'autre les organes femelles.

Habituellement, les organes de la reproduction sont protégés par deux enveloppes que l'on nomme *Calice* et *Corolle*. Le calice est l'organe le plus extérieur de la fleur et le plus souvent de couleur verte ; la corolle est la partie la plus intérieure et parée ordinairement des plus vives couleurs.

Avant de nous occuper de chacun de ces organes, il est nécessaire de parler de la situation des fleurs sur la plante ; c'est à cette situation que l'on a donné le nom de : Inflorescence.

L'inflorescence est donc l'arrangement particulier des fleurs sur les branches, sur les rameaux ou à leurs extrémités.

On dit qu'elle est *sessile,* quand les fleurs sont attachées directement sur la tige, ou *pédonculée* lorsque les fleurs ont un support qui porte le nom de Pédoncule.

Le pédoncule est donc la queue de la fleur ou du fruit, comme le pétiole est la queue de la feuille ; mais il n'y a de ressemblance que dans la forme, car, si vous vous rappelez l'une de nos dernières conférences, il vous souviendra que le pétiole est formé de fibres ligneuses et de tissu cellulaire qui donnent naissance à la feuille, tandis que le pédoncule a pour mission de porter les organes de la fructification.

Quelques botanistes ont prétendu que les sucs qui circulent dans le pétiole sont de même nature que ceux qui alimentent le pédoncule ; il est, ce me semble, difficile d'admettre cette théorie, et la simple réflexion l'indique ; en effet, comment croire que les mêmes sucs puissent donner naissance à des produits si différents.

Mais, si nous admettons que ces liqueurs ont, à leur origine, la même composition, la saine raison ne nous force-t-elle pas à croire que, à leur arrivée dans le pédoncule, elles subissent une modification profonde, et si profonde, qu'il ne peut y avoir de comparaison à établir entre les organes élaborés par le pétiole et ceux fournis par le pédoncule.

Il y a des pédoncules de différentes formes ; il y en a de cylindriques et de cannelés ; il en est qui sont *trigones* (à trois angles), *tétragones* (à quatre angles) ; il y en a de *filiformes*, de *courbés*, de *raides*, de *flexibles*, de *simples* et de *divisés*.

Lorsque le pédoncule part de la racine, il porte le nom de *Hampe ;* lorsqu'il est enveloppé d'une sorte de feuille roulée (Spathe), on le nomme *Spadix* ou Spadice.

On distingue deux sortes d'inflorescence ; elle est simple ou composée.

Simple, quand les fleurs sont sessiles ou pédonculées ; *solitaires* ou *géminées* (rapprochées deux par deux) ; agrégées ou réunies en paquets ; *alternes* ou *opposées ; unilatérales* ou *distiquées* (disposées de chaque côté d'un axe commun) ; *radicales, caulinaires* ou *axillaires.*

L'inflorescence est composée : 1° dans le *chaton* (pl. VII, fig. 1), dans lequel les fleurs sont placées sur un axe commun, et séparées entre elles par des espèces d'écailles sur lesquelles elles sont souvent fixées ;

2° Dans l'*épi* qui est raide dans une position verticale (pl. VII, fig. 2) ;

3° Dans la *grappe* qui diffère peu de l'épi, mais dont toutes les fleurs sont pédicellées, comme dans le Groseillier (pl. VII, fig. 3) ;

4° Dans le *thyrse* du Marronnier ou du Lilas, dont les fleurs sont réunies en petits groupes distincts et pyramidaux (pl. VII, fig. 4) ;

5° Dans le *corymbe,* dont les supports partent de points différents pour arriver à la même hauteur, comme dans l'Achillée (mille-feuilles) (pl. VII, fig. 5) ;

6° Dans l'*ombelle,* où tous les supports partent du même point pour arriver à la même hauteur, et ressemblent assez bien aux tiges déployées d'un parasol (la Carotte, le Panais) (pl. VII, fig. 6) ;

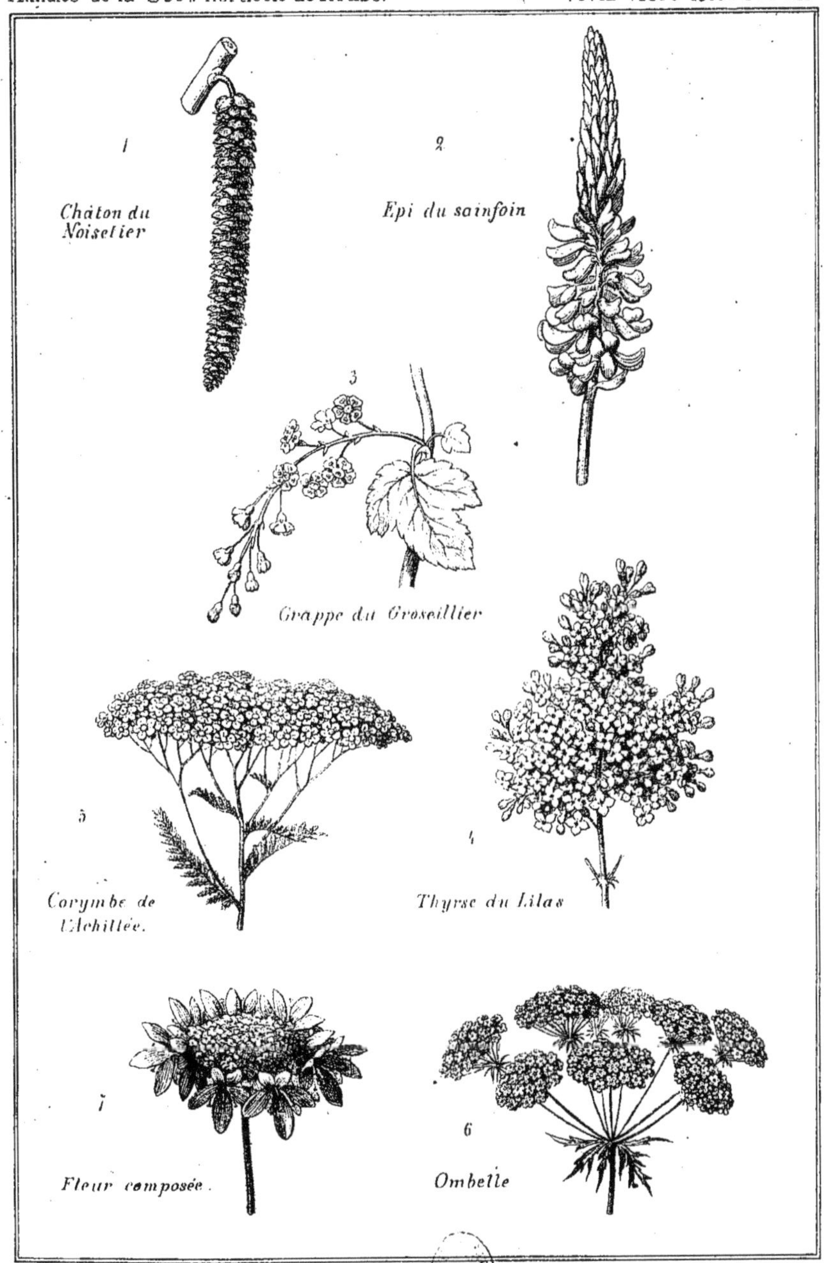

INFLORESCENCES

L'ombelle est composée lorsqu'elle supporte elle-même une ombelle secondaire ;

7° Dans la *cime,* où les fleurs du pédoncule commun partent toutes du même point, comme dans les ombelles, et que les divisions secondaires partent de points différents et arrivent à peu près à la même hauteur, comme dans le Cornouiller et le Sureau ;

8° Dans le *verticille,* où les fleurs sont disposées en anneau autour de la tige (les Labiées) ; elles sont à *demi-verticillées* quand elles n'entourent qu'à moitié l'axe qui les porte. Exemple : l'Oseille (*Rumex acetosa*).

Enfin, on appelle fleurs *composées,* celles qui sont réunies sur un axe commun ; elles portent aussi le nom de *capitule* (pl. VII, fig. 7) ;

L'inflorescence peut subir des modifications qui changent la disposition et la forme des corolles ; elles sont dues, le plus souvent, à l'excès des sucs nutritifs, qui donnent lieu à des fleurs *semi-doubles, doubles* ou *pleines.*

On dit qu'une fleur est *prolifère* quand, au centre de cette fleur, apparaît et sort une seconde fleur semblable à la première, ou un bourgeon avec des feuilles, comme dans l'OEillet, la Rose.

C'est par le pistil que se produit ce phénomène dans les fleurs simples ; dans les fleurs composées, comme la Pâquequerette, le Souci, on voit de nouveaux pédoncules naître de leurs bords et se convertir en fleurs.

Sur les arbres fruitiers, on remarque parfois une branche garnie de feuilles et quelquefois de boutons, sortir d'une poire incomplète, sans pépins ; dans la Scrofulaire aquatique, on ne trouve souvent que des étamines imparfaites, tandis que le pistil supporte une petite touffe de feuilles.

Le plus ordinairement, ces phénomènes ne sont dûs qu'à des piqûres d'insectes ; ces blessures ont changé la direction de la sève et troublé l'organisation générale.

Lorsque la fleur est polypétale, elle acquiert plusieurs

rangs de pétales, et si elle est monopétale, il se trouve plusieurs corolles l'une dans l'autre ; c'est la fleur *semi-double ;* elle conserve le pistil, quelques étamines complètes, et reste encore fertile.

La fleur est *double* ou *pleine,* quand elle contient un bien plus grand nombre de pétales ; dans beaucoup de cas, il n'y a plus d'étamines, partant, plus de fécondation.

Généralement, on dit que ces fleurs sont des monstruosités ; elles sont, comme dit un auteur, de véritables eunuques et ne brillent qu'aux dépens de leur postérité.

Le Réceptacle.

A l'extrémité du pédoncule est un organe particulier qui est le *réceptacle.*

On dit qu'il est *complet,* lorsqu'il supporte toutes les parties renfermées dans le calice ; il *est incomplet* quand il ne porte que l'ovaire ou le fruit : dans ce cas, la corolle et les étamines sont insérées sur l'orifice du réceptacle, comme dans la Ronce et le Poirier.

Si le calice n'a d'autre fonction que de protéger les organes de la reproduction, il n'en est pas de même du réceptacle, car tous les sucs nourriciers qui doivent contribuer à la perfection du fruit se rencontrent là ; c'est dans ce réceptacle que doivent apparaître, tour à tour, les organes reproducteurs des graines, ces ovules intéressants qui, pour être transformés en fruits, devront bientôt subir les phases diverses et si curieuses de la fécondation.

On a certainement confondu les fonctions du calice et du réceptacle, lorsqu'on a dit que dans certaines plantes, comme les Rosacées par exemple, les étamines, ainsi que la corolle, étaient placées sur le calice ; si l'on considère comme calice la partie supérieure du réceptacle, elles peuvent quelquefois y être placées, mais leur base est assurément dans le réceptacle, où elles trouvent les sucs nécessaires à leur nutrition.

La différence entre ces deux organes est donc bien établie : l'un, le calice est scarieux, mince, membraneux, sec, souvent caduc ; l'autre, le réceptacle est charnu, épais et chargé de renflements glandulaires nombreux.

Le réceptacle est de formes variées ; il est plane, étroit, épais, charnu, convexe, concave, ouvert ou fermé.

Quelques auteurs ont fait du réceptacle saillant et très-développé un véritable organe qu'ils appellent *gynophore ;* mais bien certainement, ce développement excessif n'est dû qu'à une modification du réceptacle, puisqu'il en remplit les mêmes fonctions. Exemple : le Fraisier et le Framboisier.

Au reste, dans toutes les fleurs que l'on nomme composées, le réceptacle peut offrir des formes différentes, et il est toujours le même pour la même espèce ; ainsi, dans les Ellébores, les Renoncules, c'est une sorte de saillie conique, plus ou moins développée, qui supporte les anneaux floraux ; le *Myosurus minimus* porte un réceptacle très-long, dont la base reçoit le calice, la corolle et les organes mâles, tandis que partout ailleurs se trouvent situés les organes femelles.

Les Nectaires

Les *nectaires* sont des organes particuliers aux fleurs ; on peut leur donner le nom de glandes sécrétantes, car ils renferment les sucs qui se trouvent au fond des fleurs.

L'ensemble de ces glandes porte le nom de *disque.*

Il est raisonnable de supposer que c'est au sein de ces glandes que s'élaborent les liqueurs fournies par le réceptacle, et qui, sans nul doute, doivent concourir à la perfection du fruit.

Les nectaires sont de différentes formes : ainsi, dans les Rosacées, ils prennent l'aspect d'une bande épaisse, au fond

du réceptacle et au moment de la floraison ; dans les Crucifères, on les trouve séparant les filets des étamines ou agglomérées à la base de l'ovaire dans les Personnées.

Souvent, l'excédant de ces liqueurs que l'homme ne peut
que percevoir, nous le voyons transformé d'une façon vraiment merveilleuse par un insecte, par l'abeille qui l'a puisé
dans les plus secrets réduits des fleurs ; et l'homme, impuis-
sant à récolter ces liqueurs, trouve infiniment plus simple de
s'approprier le produit du travail incessant de ces milliers
d'ouvrières.

Quelle admirable organisation que celle de ces glandes
invisibles qui donnent au monde entier, avec le concours de
ces travailleurs ailés, un aliment aussi précieux.

Les Bractées, les Involucres, les Cupules et la Spathe.

Les organes qui renferment les fleurs sont évidemment
créés pour les protéger et les défendre.

Les *bractées* ont probablement cette mission ; elles
naissent à la base des pédoncules ou sous le calice, et parfois
le long de ces pédoncules ; elles ressemblent à de petites
feuilles.

Parmi les plantes, il en est dont les feuilles passent gra-
duellement à l'état de bractées.

L'Ellebore fétide, par exemple, permet de constater cette
modification, car, si l'on suit avec soin les différentes
phases de son développement, on remarque le passage des
feuilles complètes à l'état de bractées, et l'on croirait que ces
bractées sont formées par l'élargissement des pétioles.

On désigne aussi les bractées sous le nom de feuilles
florales.

Si on les considère avant la floraison, elles sont l'enveloppe extérieure des fleurs et jouent exactement le même
rôle que les stipules avant la naissance des feuilles.

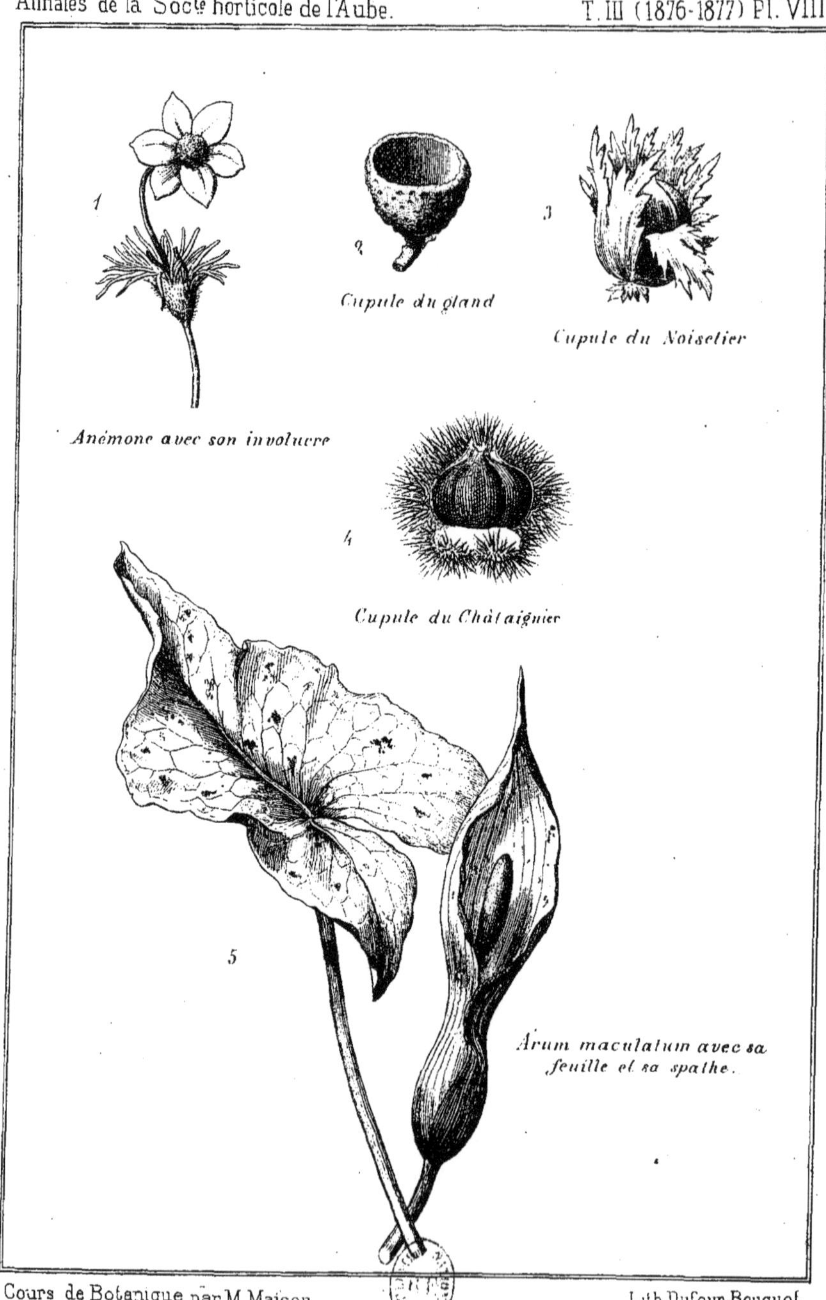

Cours de Botanique par M. Maison.   Lith Dufour-Bouquot

INVOLUCRES, CUPULES, SPATHE,

On distingue trois sortes de bractées :

1° Les bractées vraies ;

2° Les involucres ;

3° Les cupules.

Les bractées ont l'aspect des feuilles et ne s'en écartent que lorsqu'elles sont situées sur le pédoncule.

Elles sont *imbriquées*, comme dans la Brunelle où elles forment un épi serré.

Elles sont colorées dans le Mélampyre des champs, et souvent leur couleur est si éclatante, qu'elles ressemblent véritablement aux fleurs.

On leur donne le nom d'*involucre* quand elles sont placées en anneau sous les fleurs ou autour du pédoncule, comme dans l'Anémone des bois (pl. VIII, fig. 1).

Les involucres les plus curieux sont ceux qui sont à la base des ombelles ; c'est à cette disposition que les botanistes ont donné le nom de *collerette*.

La *cupule* est un organe en forme de coupe ; c'est l'involucre du fruit dans la famille des Juglandées (le Noyer) ; des *cupulifères* (le Chêne) (pl. VIII, fig. 2) ; le Coudrier (pl. VIII, fig. 3) ; le Châtaignier (pl. VIII, fig. 4).

Tout d'abord, on est surpris de voir classer parmi les bractées la cupule, qui n'a pas la moindre ressemblance avec les feuilles ; mais, si l'on veut bien y apporter quelque attention, on approuvera ce classement.

Dans le Noisetier, par exemple, la cupule ressemble parfaitement à deux feuilles soudées par les bords ; dans le Chêne, elle est formée d'écailles liées inférieurement.

Dans le règne végétal, on remarque une foule de modifications, de transformations analogues ; cependant, quelques auteurs ne considèrent la cupule que comme une disposition ou un état particulier du réceptacle.

La *spathe* est une feuille membraneuse qui a la forme d'un cornet et qui renferme une ou plusieurs fleurs, comme les Narcisses, les Arum (pl. VIII, fig. 5) ; tantôt elle est d'une seule pièce (*univalve*), tantôt elle est de deux pièces (*bivalve*), ou bien de plusieurs pièces (*multivalve*) ; souvent elle se déchire au lieu de s'ouvrir naturellement, ainsi qu'on le remarque dans les Narcisses. Enfin, la spathe a une forme allongée, roulée en cornet, ou ressemble à une bourse ou à un petit sac.

7e Conférence.

Des enveloppes florales.

A mesure que nous avançons dans le domaine de l'organographie végétale ; à mesure que nous pénétrons et par le raisonnement et par l'expérience dans les différents organes des plantes, que nous en comprenons les fonctions, nous sommes véritablement éblouis, émerveillés.

Que de secrets cachés au fond de la plus modeste fleur ; mais aussi que de travaux ardus, que de veilles pénibles, laborieuses il a fallu à l'homme pour les dévoiler et les surprendre. Ce n'est donc que pendant la période de la floraison qu'il est permis d'étudier la fleur ; on assiste à son développement et, lorsqu'elle a déployé dans l'air ses formes élégantes et gracieuses, lorsqu'elle nous a fait admirer l'infinie variété de ses nuances, chacun de ses organes étant au complet, l'étude en devient alors plus facile.

Nous avons dit plus haut que le pédoncule est la queue de la fleur ; qu'il porte à sa partie supérieure le réceptacle destiné à supporter, dans un moment donné, les organes de la floraison et de la fructification.

Lorsque la fleur apparaît, on distingue en elle trois parties différentes, savoir : le *Périanthe*, l'*Androcée* et le *Gynécée*.

Chacune de ces parties est différente des autres par les fonctions qu'elle remplit.

Le périanthe est l'ensemble des verticilles floraux, c'est-à-dire la réunion des enveloppes florales. Il est *simple* lorsqu'il se borne à une seule enveloppe ; il est double quand il est formé de deux verticilles distincts, auxquels on a donné le nom de *calice* et de *corolle*.

L'androcée est l'ensemble des organes mâles de la fleur ; il est représenté par les *étamines*.

Le gynécée est la réunion des organes femelles ; il est représenté par les *pistils*.

Ces différentes expressions étant tirées du grec, il est, je crois, nécessaire d'en donner, une fois pour toutes, l'explication :

Ainsi, *Périanthe* est formé de deux mots : *peri* autour et *anthos* fleur, qui est situé autour de la fleur.

Androcée est également formé de deux mots : *andros* homme ou mâle et *oïkos* habitation, c'est-à-dire lieu où d'ordinaire sont situés les organes mâles.

Gynécée, formé de *gunè* femme ou femelle et *oïkos* habitation, c'est-à-dire lieu où sont situés les organes femelles.

Chez les Grecs de l'antiquité, le gynécée était la partie de la maison spécialement réservée aux femmes.

Le Calice.

Le calice est la première enveloppe des fleurs, quand elles portent deux verticilles ; il est le prolongement de l'écorce même, et par conséquent, l'enveloppe la plus extérieure ; seul, il forme le périanthe simple, comme dans les Chénopodées, le Populage, etc., etc.

On donne le nom de *sépales* aux divisions qu'il porte, et ces divisions, ordinairement peu variées, sont ovales, aiguës ou arrondies.

Les sépales sont rarement dentés ou découpés ; ils

affectent quelquefois des formes particulières, comme cela se voit dans la Grande-Capucine, où l'on remarque une sorte de prolongement qui a la forme d'un éperon (pl. IX, fig. 1); ou dans l'Aconit, l'une de ses divisions prend la forme d'un casque (pl. IX, fig. 2).

Quand le calice n'est formé que de deux parties ou ne porte que deux sépales, ils sont opposés et placés soit en avant, soit en arrière de la fleur, ou de chaque côté, comme dans la Fumeterre.

Lorsque le calice est à quatre parties ou à quatre sépales, ils sont ordinairement opposés deux à deux, et forment ce que l'on appelle un verticille ou un anneau.

Si les divisions du calice sont libres, c'est-à-dire dégagées de toute adhérence entre elles, on dit qu'il est *polysépale ;* si, au contraire, elles sont unies ou soudées par leurs bords dans une certaine proportion, on dit qu'il est *monosépale* ou gamosépale, du grec *gamos* mariage ou union des sépales, mais cette union ne se produit qu'à mesure du développement des sépales qui, dans le principe, sont parfaitement libres.

Le calice, suivant le nombre de ses divisions, prend des noms différents; s'il est monosépale, il est d'une seule pièce; s'il est *disépale,* il en a deux; *trisépale,* trois; *tetrasépale,* quatre; *pentasépale,* cinq. Le calice du Pavot est disépale; celui de la Ficaire est trisépale; celui de la Giroflée est tétrasépale, et celui des Renoncules est pentasépale.

Considéré dans la profondeur de ses divisions, le calice, lorsque les sépales sont soudés par leur base seulement, est nommé *bipartit, tripartit, quadripartit, quinquepartit,* c'est-à-dire qu'il est à deux, à trois, à quatre ou à cinq divisions.

Quand les sépales sont unis dans la moitié inférieure de leur longueur, le calice est *bifide, trifide, quadrifide* ou *quinquéfide.*

Si, au contraire, ils sont soudés dans toute leur hauteur, à

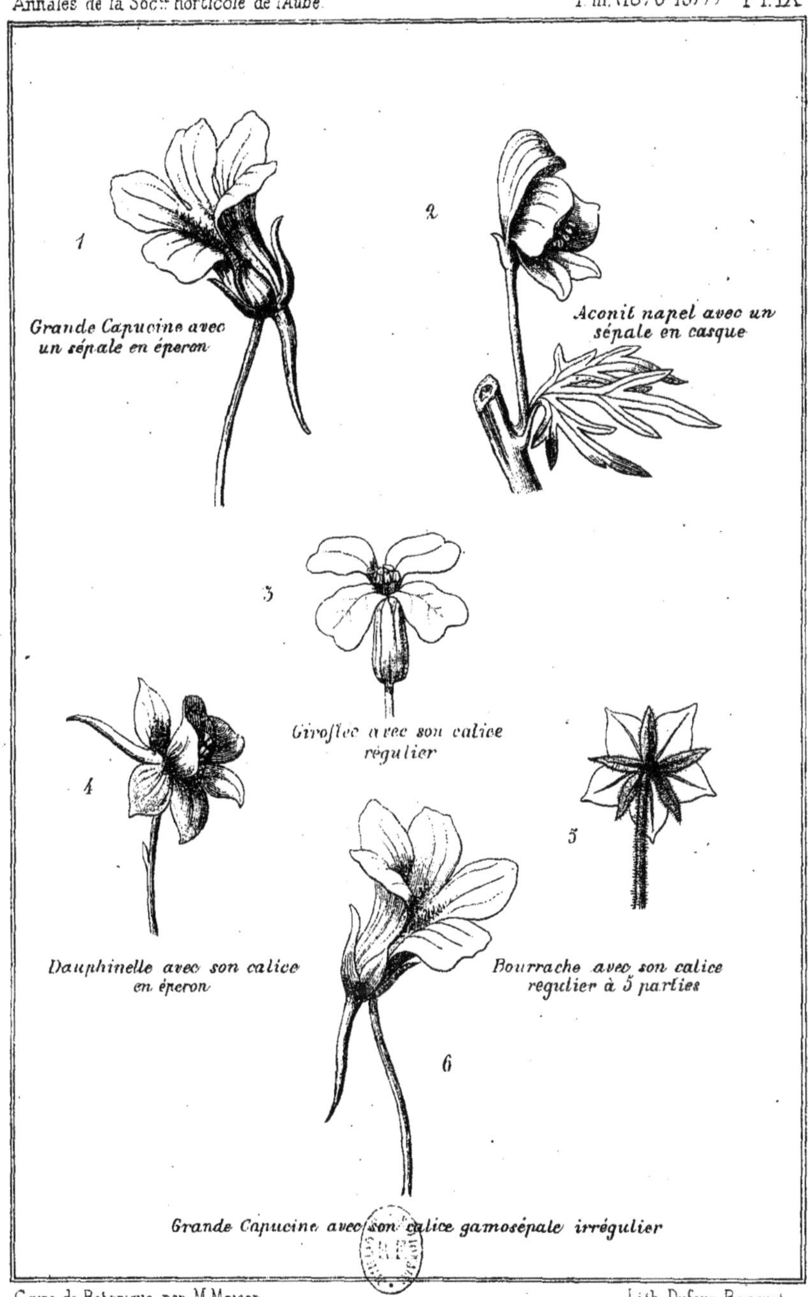

CALICES RÉGULIERS, CALICES IRRÉGULIERS

l'exception, toutefois, du sommet qui reste libre, le calice
est *bidenté, tridenté, quadridenté, quinquédenté*.

Si enfin les sépales sont unis dans toute la hauteur, sans
qu'il y ait la moindre trace de cette union, on dit que le calice est *entier ;* exemples : le calice est quinquéfide dans le
tabac ; il est quinquépartit dans la Digitale ; il est quadridenté dans le Lilas ; il est entier dans le Chèvrefeuille et dans
un certain nombre d'Ombellifères.

Le calice peut être *régulier* ou *irrégulier ;* quand ses
divisions sont égales entre elles et à égale distance sur le
réceptacle, il est régulier ; la Giroflée (pl. IX, fig. 3).
On dit qu'il est irrégulier lorsque, comme dans l'Aconit, par
exemple, un des sépales est plus grand que les autres et offre
l'apparence d'un casque ; dans les Dauphinelles il est irrégulier, parce que le sépale supérieur est différent des autres
et qu'il se termine en éperon (pl. IX, fig. 4).

Les calices monosépales peuvent offrir des divisions
aiguës, courtes, dentées, fendues ; celui de la Bourrache,
par exemple, est un calice vraiment quinquépartit, puisque
chaque division se continue jusqu'à la naissance de la
base (pl. IX, fig. 5).

Le calice monosépale ou gamosépale, c'est-à-dire celui
dont les divisions sont unies ou soudées, est ordinairement
tubuleux, cylindrique, en cloche ou en coupe ; mais, comme
nous l'avons dit plus haut, pour qu'il soit régulier, il faut que
les pièces soient égales entre elles et unies également ; dans
le cas contraire, il est *gamosépale irrégulier,* comme dans
la Capucine dont un des sépales est converti en éperon, les
autres conservant la forme ordinaire (pl. IX, fig. 6).

Les divisions d'un calice polysépale, c'est-à-dire dont les
divisions sont entièrement libres, peuvent être étalées, dressées ou recourbées en dehors ; ils sont généralement de
courte durée, car ils disparaissent et tombent rapidement ;
dans ces conditions, le calice est *caduc ;* mais s'il persiste
après la floraison, il devient *persistant* ou *marcescent,* et

nous en verrons des exemples fort curieux dans l'étude que nous ferons plus tard de certains fruits charnus.

On donne le nom de calice *imbriqué* à celui dont les écailles ou folioles constituent plusieurs rangées placées les unes recouvrant les autres, à la manière des tuiles sur un toit, comme dans l'Artichaut et le Chardon.

Origine supposée des sépales.

Considérés dans leur origine, on croit que les sépales ne sont que des feuilles *modifiées;* on y trouve des faisceaux fibreux, qui offrent beaucoup d'analogie avec ceux qui forment les feuilles, et de nervures sépalaires ramifiées, comme dans les végétaux dicotylédonés; tandis que, dans les monocotylédonés, ces nervures sont ordinairement simples. On y rencontre aussi du parenchyme et une substance épidermique ayant les mêmes caractères que celle des feuilles.

Quelques personnes ont avancé que le calice n'est qu'une feuille *avortée,* gênée dans son développement.

L'auteur à qui j'emprunte les lignes qui suivent, M. Poiret, le continuateur du Dictionnaire de Botanique de l'encyclopédie méthodique, dit avec beaucoup de jugement et de raison :

« Pourrait-on bien nous expliquer par quelle cause, par
» quel accident cette feuille se trouve gênée dans son déve-
» loppement, et ce qu'il faut entendre par *avortement.* J'ai
» toujours cru que cette expression s'appliquait à tout or-
» gane qui, par un accident quelconque, n'était pas ce qu'il
» devait être : or, le calice est une enveloppe florale dont
» la position, la forme, les fonctions sont bien déterminées ;
» en un mot, c'est un *calice* et non une feuille manquée,
» pas plus que le pied n'est une main avortée, malgré les
» grands rapports qui existent entre ces deux organes. Au
» reste, nous verrons les avortements jouer un grand rôle

» dans la nomenclature des modernes ; nous verrons les
» balles des Graminées converties également en *bractées
» avortées ;* et les bractées que seront-elles? Sans doute des
» feuilles avortées. Enfin, l'amour des termes nouveaux est
» porté aujourd'hui à un tel excès, que, par une contradic-
» tion remarquable, après avoir fait une feuille du calice,
» on ne veut pas que ces divisions, lorsqu'elles sont pro-
» fondes ou séparées, soient des *folioles :* on y a substitué
» le nom de *sépales.* Ainsi, on a des calices ou des *feuilles
» avortées monosépales, polysépales, bisépales, trisé-
» pales,* etc., etc. »

Cette critique, assurément juste, peut dispenser de tout
autre commentaire.

La Corolle.

La *corolle* est la seconde production de l'axe floral ; c'est
elle qui est ordinairement parée des couleurs les plus brillantes, qui affecte les formes les plus gracieuses. Mais là ne
se bornent pas ses fonctions ; la nature, partout prévoyante,
lui a imposé une autre mission.

C'est ainsi que, dans le bouton, les organes de la reproduction sont recouverts et protégés par elle; protection
dont, il faut le reconnaître, chacun des organes est soli-
daire ; c'est ainsi que le calice protége la corolle, et que
chaque organe vient apporter son contingent de protection
en faveur de celui qu'il enveloppe.

Cette mission accomplie, la corolle s'épanouit, brille un
moment et ne tarde pas à disparaître ; sa durée est donc
éphémère. Il arrive cependant qu'elle est *marescente,*
comme dans les Bruyères, c'est-à-dire qu'elle persiste.

Un botaniste a dit poëtiquement que, dans ce cas, la corolle concentre dans l'intérieur de son tube, ou réfléchit
par le poli de ses pétales les rayons lumineux sur les
ovaires fécondés, pour en faciliter le développement.

Différentes sortes de Corolles.

On reconnaît deux sortes de corolles :
1° La corolle *monopétale* ou *gamopétale* (d'une pièce);
2° La corolle *polypétale* ou *dialypétale* (de plusieurs pièces).

Corolle monopétale ou gamopétale.

La corolle monopétale, dite aussi gamopétale, est celle dont les divisions se sont soudées à une hauteur plus ou moins grande; ainsi, la corolle de la Mauve, souvent donnée comme polypétale, est assurément monopétale comme celle du Liseron, quoique ses divisions règnent presque jusqu'à la base. Dans les fleurs de Mauves fraîches, il est assèz difficile de juger le cas, mais, dans les fleurs sèches, il suffit d'un léger effort pour enlever la corolle entière.

La corolle gamopétale peut être *régulière* ou *irrégulière*. Elle est *régulière* lorsque, comme dans les calices monosépales, auxquels du reste on peut les comparer, toutes les divisions sont égales et situées à égale distance.

Elle affecte des formes différentes; ainsi, la corolle est régulière, monopétale *campanulée* (en cloche) dans la Campanule et le Liseron (pl. X, fig. 1); elle est régulière, monopétale *infundibuliforme* (en entonnoir) dans le Tabac (pl. X, fig. 2); elle est régulière monopétale *hypocratériforme* (en coupe) dans le Lilas, le Jasmin (pl. X, fig. 3); elle est encore *régulière, monopétale rotacée* (en roue) dans la Bourrache (pl. X, fig. 4).

Corolle monopétale ou gamopétale irrégulière.

La corolle monopétale *irrégulière* est caractérisée par une différence sensible dans la symétrie des divisions; ainsi, elle est *monopétale irrégulière* dans l'Ortie blanche qui a deux lèvres inégales (pl. X, fig. 5).

Campanule avec sa corolle
gamopétale régulière.

Tabac avec sa Corolle gamopétale
régulière infundibuliforme

Corolle régulière hypocratériforme
du Lilas

Corolle régulière rotacée
de la Bourrache

Corolle irregulière bilabiée
de l'Ortie blanche

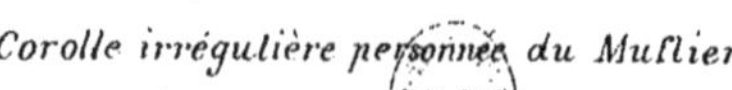

Corolle irrégulière personnée du Muflier

Cours de Botanique par M Maison   Lith. Dufour-Bouquot.

COROLLES GAMOPÉTALES RÉGULIÈRES
et Corolles gamopétales irrégulières

Elle est *monopétale irrégulière personnée* lorsqu'elle affecte la forme d'un masque ou d'une gueule, ou qu'elle ressemble au mufle d'un veau ; les deux lèvres sont inégales, rapprochées par la base ; l'une d'elles, l'inférieure, est munie d'une proéminence remarquable (pl. X, fig. 6). Dans les Linaires, le tube de la corolle est armé d'un éperon.

Corolle polypétale ou dialypétale.

Quand la corolle a plusieurs divisions bien distinctes, sans aucune adhérence, chacune de ces divisions prend le nom de *pétale ;* elle est alors *polypétale* ou *dialypétale.*

Comme la corolle monopétale, elle peut être *régulière* ou *irrégulière.*

On dit qu'elle est régulière, lorsqu'il y a égalité et régularité dans la forme des pétales et que leur insertion sur le réceptacle a lieu à des intervalles égaux ; cependant, il pourrait y avoir inégalité dans les pétales, sans que la régularité en fût détruite, mais à la condition expresse, toutefois, que cette irrégularité qui n'est qu'apparente se reproduise dans la fleur entière, sous l'empire d'une loi rigoureuse. C'est ainsi que le *Diclytra formosa* est placé parmi les corolles polypétales régulières, bien que ses quatre pétales n'aient pas les mêmes proportions ; mais on retrouve la régularité dans cette fleur, car deux de ses pétales aplatis sont toujours situés entre et au-dessus des deux autres pétales qui sont en forme de capuchon.

On trouve encore un exemple bien frappant de cette apparente inégalité dans la fleur des Nénuphars. En effet, si l'on considère le centre de la fleur, on remarque que ses divisions inégalement placées, quant au centre, n'en suivent pas moins une marche *régulière* dans le développement spiraliforme de cette fleur.

Formes de la Corolle polypétale régulière.

Cette sorte de corolle affecte trois formes distinctes :

1° Elle est *polypétale régulière cruciforme* (en croix) et à quatre divisions égales dans le Chou, la Giroflée jaune, etc. (pl. XI, fig. 1) ;

2° Elle est *polypétale régulière rosacée* quand les divisions, au nombre de trois à cinq, ont des onglets très-courts (base rétrécie du pétale) et disposés comme dans le Rosier, le Fraisier, les Renoncules (pl. XI, fig. 2);

3° Elle est polypétale, régulière *caryophyllée*, quand les cinq pétales qui la forment ont des onglets très-longs, renfermés dans un calice tubulé, comme dans l'Œillet, le Lichnis, le Siléné (pl. XI, fig. 3).

Corolle polypétale irrégulière.

D'après ce que nous avons dit des corolles régulières, on comprendra que celles qui sont dites *irrégulières* s'éloignent des modèles donnés et n'en remplissent aucune des conditions. Ainsi, la corolle est *irrégulière polypétale* dans les *Papilionacées*, parce que ses pétales sont tous inégaux. Le pétale supérieur se nomme *étendard* ou *pavillon ;* les divisions latérales portent le nom d'*ailes* et les inférieures celui de *carène*, à cause de leur ressemblance avec cette partie d'un navire. Exemples : le Pois, le Haricot, l'Acacia (pl. XI, fig. 4).

La corolle, dans les fleurs composées, est extrèmement curieuse à étudier.

Nous avons vu plus haut que les fleurs réunies en grand nombre, dans un réceptacle commun, prennent le nom de Capitule ; ce capitule, suivant que les fleurs qui le composent affectent des formes plus ou moins variées, portent des noms différents. Ainsi, on donne le nom de *fleuron* aux corolles

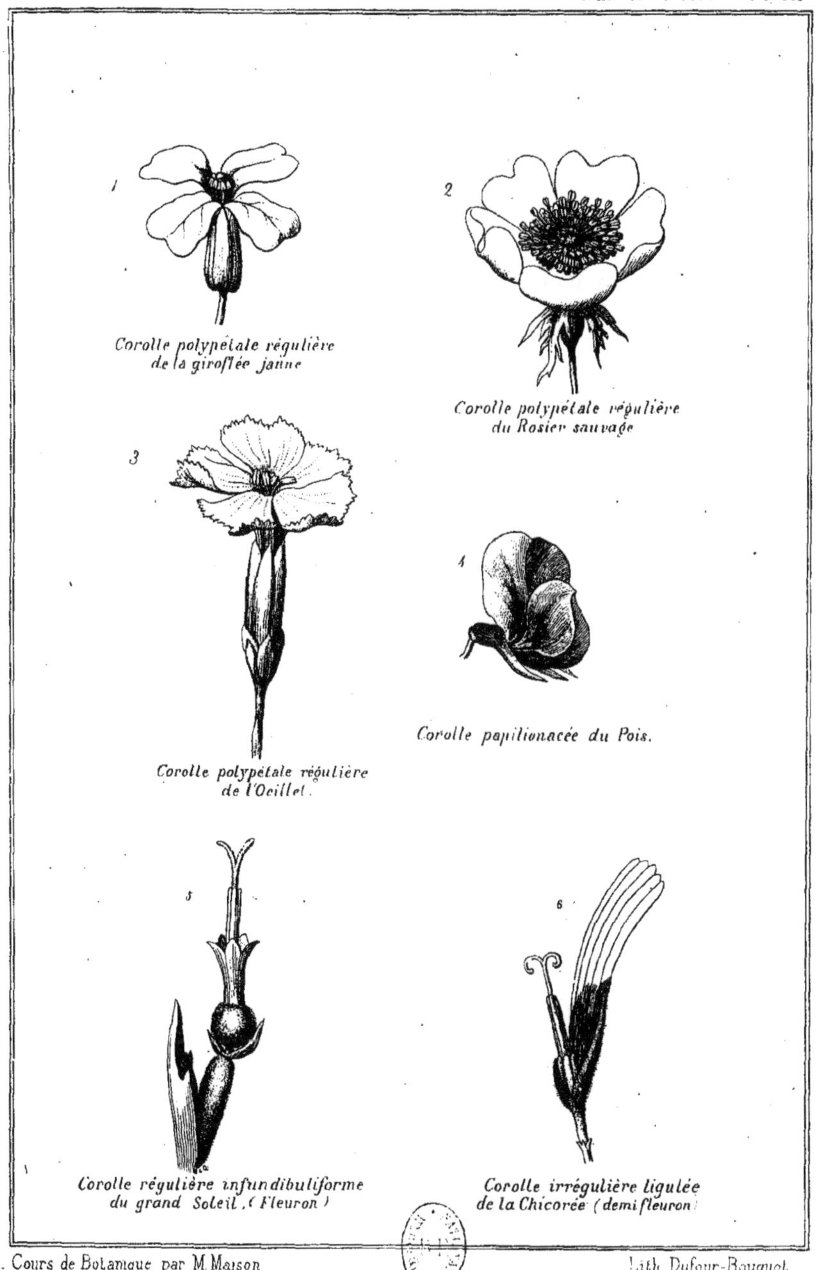

COROLLES POLYPÉTALES RÉGULIÈRES & IRRÉGULIÈRES,
FLEURON, DEMI-FLEURON.

le plus souvent régulières, et *infundibuliformes* du Grand-Soleil (pl. XI, fig. 5); et le nom de *demi-fleuron* à la corolle *irrégulière* dite *ligulée*, à cause de la ressemblance de ses divisions avec des lanières, comme on le remarque dans la Chicorée (pl. XI, fig. 6).

Enfin, quand les capitules sont composés de demi-fleurons à l'extérieur et de fleurons à l'intérieur, ils prennent le nom de *radiés*.

Corolles anomales (*a* négatif et *nomos* loi).

On désigne sous le nom de corolles *anomales* les corolles soit polypétales, soit monopétales, irrégulières, qui n'ont aucun rapport, aucune ressemblance avec les formes ou les types connus, et dont elles s'éloignent au contraire. Telles sont, par exemple, la fleur de la Digitale pourprée qui ressemble à peu près à un doigt de gant; la fleur de l'Aconit, dont deux pétales ont la forme d'un casque ; la Violette, les Lobelia, les Stylidium, la Balsamine, etc., etc.

Nervation des Pétales.

Suivant les espèces, les pétales présentent des nervures remarquables et particulières. Ces nervures, ordinairement au nombre de trois dans chaque pétale, offrent des différences dans leur direction. Si, par exemple, elles sortent du réceptacle pour entrer dans l'onglet, elles sont isolées jusqu'à l'extrémité inférieure du pétale; si au contraire, en abandonnant le réceptacle pour pénétrer dans le pétale, elles n'en forment qu'une seule, elles se divisent rapidement. Enfin, chose digne de remarque, si les trois nervures sont réunies en un seul faisceau, comme on peut le voir dans les pétales de la Giroflée, ce faisceau traverse l'onglet et ne se divise qu'à la partie supérieure de cet onglet où commence le limbe.

Comme exemple du premier cas, on peut citer les

pétales de l'*Helleborus hyemalis*, Ellebore d'hiver ; dans le second, les pétales du *Cerastium prœcox,* Céraiste, et, dans le troisième cas, les pétales du *Cheiranthus cheiri,* Giroflée.

Dans les corolles monopétales ou gamopétales, c'est-à-dire celles qui sont formées par la soudure des pétales, la *nervation* doit évidemment offrir de grands rapports avec celle des pétales isolés ; c'est ce qu'on remarque dans l'*Echium vulgare,* Vipérine.

La nervation des pétales, dans la famille des Composées, subit une modification importante qui se traduit par l'alternance et la bifurcation des nervures. Exemple : le *Petasites vulgaris.*

Diverses situations de la Corolle.

Si l'on considère la corolle d'après sa situation, son insertion, on dit qu'elle est *hypogyne* (du grec *hipo* sous et *gunè* femelle), c'est-à-dire placée sous l'ovaire. Dans la Giroflée, la corolle est hypogyne ; — elle est dite *perigyne* (*peri* autour, *gunè* femelle), lorsqu'elle est placée autour de l'ovaire, à l'intérieur du calice ; le Rosier, la Campanule. Elle est *épigyne* (*epi* sur, *gunè* femelle) lorsqu'elle est placée sur l'ovaire, ainsi qu'on peut le remarquer dans les Ombellifères, Rubiacées, etc., etc.

Différence des opinions en ce qui concerne le calice et la corolle.

Quand on compare deux opinions, deux théories opposées ; quand on les analyse sérieusement, on est souvent perplexe.

Parmi les auteurs, il en est un distingué, M. Poiret, dont les décisions semblent avoir quelque autorité.

En ce qui concerne le calice et la corolle, plusieurs botanistes pensent qu'ils ne sont qu'une modification du même organe. M. Poiret dit que cela n'est pas possible et prétend que, non-seulement ces deux organes sont parfaitement distincts, mais qu'il est encore possible, lorsqu'un seul existe, de reconnaître auquel des deux il appartient.

« Quest-ce qu'un calice, dit-il? c'est une enveloppe pro-
» duite par le prolongement de l'écorce et, dans ses rap-
» ports, il est tellement rapproché des feuilles que, quel-
» quefois il en affecte les formes et n'en diffère que par
» une modification particulière, d'où suit une observation
» très-importante; savoir que, dans les fleurs doubles,
» dans ce luxe de végétation qui bouleverse, confond, dé-
» nature toutes les parties des fleurs, le calice reste simple,
» ne se convertit jamais en pétales; que, tout au plus, ses
» divisions s'élargissent, se déforment ou se prolongent en
» folioles assez semblables aux feuilles ; qu'il conserve sa
» couleur verte et sa rudesse.

» Sous des formes plus gracieuses, la corolle se présente
» avec des caractères qui en font un organe bien distinct,
» et qui aident à la reconnaître, même quand elle existe
» seule.

» Je ne citerai pas ses formes plus variées, ses couleurs
» plus brillantes, ses parfums, sa contexture plus délicate.
» Quoique ces attributs ne se rencontrent que très-rare-
» ment dans les calices, nous en trouverons de plus tran-
» chés dans la nature des pétales et dans leur rapproche-
» ment avec les filets des étamines. Rien n'annonce qu'ils
» aient aucun rapport avec les calices, dont les divisions
» ne se changent pas plus en pétales, que les pétales en
» feuilles; nous voyons, au contraire, dans les fleurs dou-
» bles, les étamines et même les pistils prendre la forme
» des pétales, et quelques-uns, dans cette métamorphose,
» porter encore, à leur sommet, une anthère stérile : nous
» en trouvons une autre preuve dans les fleurs des Malva-
» cées, dont les filaments, soudés en un tube cylindrique
» autour du pistil, font corps avec la corolle et ne sont

» qu'un prolongement de sa base; ailleurs, ces filaments
» sont greffés sur les pétales, *jamais* sur le calice. Dans les
» Giroflées, les Renoncules, les OEillets, les Pavots, les
» Rosiers à fleurs doubles, etc., les calices se montrent
» uniquement avec leurs divisions, tandis que les pétales se
» multiplient à l'infini aux dépens des étamines.

» Dans beaucoup de fleurs, les nectaires, les appendices
» particuliers dépendant des pétales, se multiplient com-
» me eux : l'Ancolie nous offre, dans son cornet éperonné,
» plusieurs autres cornets renfermés les uns dans les au-
» tres. Cette surabondance de végétation produit fréquem-
» ment des monstruosités singulières, mais qui n'affectent
» jamais les corolles. »

M. A. Richard, dans ses éléments de botanique et de
physiologie végétale, s'exprime ainsi :

« Dans la plupart des cas, les organes de la reproduction
» sont accompagnés, protégés par des feuilles diversement
» modifiées, formant une double enveloppe de protec-
» tion, etc., etc. » Plus loin, le même auteur dit : « Nous
» prouverons bientôt que, malgré les formes variées sous
» lesquels ils se présentent, les organes appendiculaires de
» la fleur sont tous de même nature, qu'ils sont des modi-
» fications d'un organe unique, modifications amenées par
» la diversité de leurs fonctions; or, cet organe unique,
» c'est la feuille. La fleur n'est en réalité qu'un rameau
» court, terminé par un bourgeon, dont l'axe ne s'allonge
» pas, et dont les organes appendiculaires restent par suite
» réunis en une sorte de rosette analogue à celle que nous
» avons déjà vue pour les feuilles de la tige. »

Plus loin encore M. Richard ajoute :

« Les étamines, comme les autres parties de la fleur, ne
» sont que des feuilles *modifiées*. Ici, il est déjà plus diffi-
» cile que dans les verticilles extérieurs, de discerner au
» premier abord cette transformation, admise aujourd'hui,
» en principe par presque tous les botanistes, parce qu'elle

» a beaucoup plus altéré la nature primitive de la feuille.
» Aussi, existe-t-il une assez grande divergence dans la
» manière dont on a expliqué cette métamorphose de la
» feuille en étamine. »

MM. Rodet. professeur de botanique à l'École vétérinaire
de Lyon, et Mussat, professeur de botanique à l'École de
Grignon, s'expriment ainsi dans leurs cours de botanique
élémentaire :

« Les pétales ne sont, comme les sépales, que des
» feuilles modifiées, ayant subi des changements plus nom-
» breux, plus profonds. Leur limbe répond à celui de la
» feuille; l'onglet en représente le pétiole.

» L'analogie des pétales avec les feuilles véritables est
» d'ailleurs si évidente, dans beaucoup de plantes, malgré
» leur couleur particulière et la délicatesse de leur tissu,
» qu'elle a été consacrée depuis longtemps dans le langage
» vulgaire, où on applique, par exemple, le nom de feuille
» de rose aux pétales des rosiers. »

Des avortements normaux.

La majorité est donc acquise aux partisans des avortements normaux ou modifications des organes des plantes.

Cette expression : *avortement normal,* n'a-t-elle pas
quelque chose d'étonnant?

Si l'on veut expliquer, par là, les nombreuses transformations auxquelles sont soumis les différents organes des
végétaux, cette expression n'est peut-être pas exacte.

Nous nous hasarderons à dire que, toutes les fois qu'un
changement s'opère régulièrement, avec constance dans la
même plante et dans le même organe, il ne peut être désigné
sous le nom d'*avortement normal;* c'est une modification.
Mais, si l'on a pour but de démontrer seulement l'*atrophie*
d'un organe, atrophie qui peut être considérée comme un
accident et qui, par cela même, ne se reproduit pas cons-

tamment sous l'empire d'une loi rigoureuse, on peut l'appeler avortement.

Ainsi, lorsqu'une plante comme la *Gesse des prés*, donne des vrilles au lieu de feuilles à sa partie supérieure, il y a là modification de la feuille et non un avortement, parce que le caractère est constant ; mais si par un accident quelconque, cette Gesse ne produisait pas de vrilles, il y aurait, dans ce cas, atrophie ou avortement, parce que le caractère constant de cette espèce est dans la transformation des feuilles en vrilles.

Il serait peut-être plus juste de dire que l'embryon, en voie de développement, renferme un principe unique qui, modifié sans cesse, va se perfectionnant aussi sans cesse, en passant par les secrets canaux du végétal, pour produire, par une *élaboration spéciale*, les feuilles, les fleurs et les fruits.

Préfloraison ou Estivation.

Lorsqu'on examine attentivement une fleur ou le bouton d'une fleur, on remarque une disposition à peu près semblable à celle que possèdent les feuilles, c'est-à-dire que les pétales se recouvrent tous différemment, selon les espèces. C'est à cet arrangement que les botanistes ont donné le nom de *préfloraison* ou d'*estivation* (du latin *œstivus* été ou saison des fleurs).

Parmi les fleurs irrégulières, l'estivation est souvent extraordinaire et ne présente aucun caractère de régularité ; leur arrangement dans le bouton offre de nombreuses différences dans les mêmes espèces ; tandis que, dans les fleurs régulières où l'estivation est constante et habituelle pour des familles entières, on en distingue un certain nombre de types.

La préfloraison peut être *valvaire, tordue, alternative, spirale, quinconciale, cochléaire, imbriquée.*

Elle est *valvaire* dans la Vigne, où les divisions, les lobes de la corolle se touchent sans se recouvrir ; elle est *tordue* dans les Mauves, les OEillets, où chaque lobe de la corolle recouvre le lobe voisin et en est lui-même recouvert ; elle est *alternative* dans le Houx et dans toutes les fleurs où deux des divisions externes de la corolle recouvrent à peu près les autres ; elle est *spirale* dans le Nénuphar blanc où les pétales, en assez grand nombre, se recouvrent les uns les autres en suivant toujours la régularité de leur position. Elle est *quinconciale* dans la Belladone où, des cinq pétales de la corolle, deux sont externes, deux sont internes, et le cinquième recouvrant l'un est à son tour recouvert par l'autre ; elle est *cochléaire* dans le Pois, où l'une des divisions de la corolle recouvre les deux divisions voisines, tandis que ces deux divisions viennent couvrir à leur tour, soit la quatrième, soit la cinquième division, s'il y a quatre ou cinq pétales à la corolle.

Dans les Aconits, cette disposition est très-remarquable, car la division ou le pétale supérieur se recourbe sur les autres et les recouvre parfaitement.

Il y a toujours, dans la préfloraison cochléaire, une division extérieure et une division intérieure.

Enfin, elle est *imbriquée* toutes les fois que, dans une fleur, deux divisions voisines sont situées l'une extérieurement, l'autre intérieurement, et que toutes les autres sont moitié internes et moitié externes, ainsi qu'on le remarque dans le *Malpighia urens*.

Tels sont les principaux types de préfloraison de la corolle.

Quant à la préfloraison du calice, elle se présente à peu près dans les mêmes conditions ; cependant, on peut remarquer que, dans une même fleur. les divisions du calice peuvent affecter la forme d'un cercle et leurs bords se toucher, quand les pétales ou divisions de la corolle prennent l'apparence d'une spirale, en se recouvrant les uns les autres.

On remarque parfaitement, dans les Mauves, la préfloraison valvaire du calice, tandis qu'elle est tordue dans la corolle.

Elle est égale ou du même type dans les *Cyclamens*, c'est-à-dire que le calice et la corolle sont tous deux en préfloraison tordue.

On dit encore que la préfloraison est *induplicative,* quand les bords de chaque division se courbent ou rentrent en dedans en se réunissant les uns les autres ; et *réduplicative* lorsque, au contraire, les bords de ces divisions se montrent en saillies externes en se réunissant par leur surface interne.

Pour bien faire comprendre les différentes sortes de préfloraisons, on se sert de figures idéales qui portent le nom de *diagrammes.* On aura de ces figures une idée assez exacte, lorsqu'en coupant horizontalement le bouton de la fleur, on remarquera les lignes principales mises en vue par la section.

Ces différentes lignes reproduisent, on peut dire rigoureusement, la position, la situation des différentes parties de la corolle ou du calice dans le bouton floral.

8e Conférence.

Organes de la reproduction. — Androcée.

Rien n'est plus étonnant que la fécondation des ovaires, et rien ne serait plus incroyable, si des observations, incontestablement sérieuses, basées sur des faits depuis longtemps reconnus et vérifiés, ne venaient détruire l'idée fantaisiste du roman et les songes dorés de la poésie.

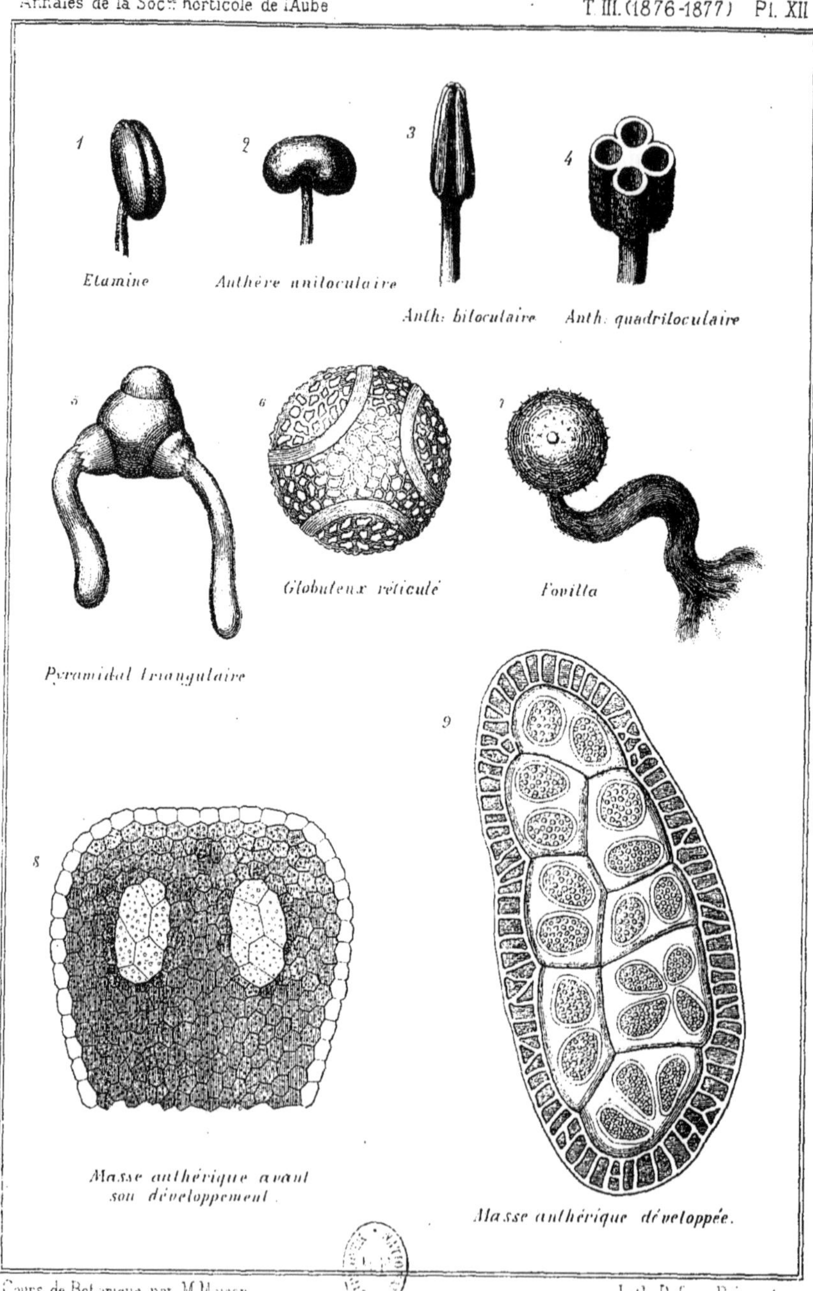

ORGANES DE LA REPRODUCTION,
ÉTAMINES, ANTHÈRES, POLLEN.

Il est certain que les sexes existent; or, s'ils existent, la nature a voulu qu'ils agissent : c'est alors, dans les phases mystérieuses et diverses de cette action, que repose tout entier l'admirable phénomène de la fécondation.

Cette phase nouvelle, dans laquelle tous les végétaux doivent entrer, est sans contredit la plus importante au point de vue de la conservation des espèces.

Tout, en effet, dépend de son accomplissement dans des circonstances favorables.

Quelque soit le climat, quelque soit le milieu dans lequel se développe une plante, rien ne peut entraver ses différentes évolutions.

Il est vrai que ce développement, effectué dans de mauvaises conditions, peut donner et donne assurément naissance à des êtres chétifs et mal conformés, mais on retrouvera toujours en eux les mêmes organes que ceux que possède une plante qui a végété dans un terrain propice.

On comprendra sans peine, alors, que pour que la fécondation et la reproduction soient complètes, il faut nécessairement des organes sains, vigoureux et complets.

Lorsque l'on prend une fleur et qu'on l'examine avec attention, on remarque, au centre de la corolle, un plus ou moins grand nombre de filaments qui portent à leur sommet une sorte de poche, une espèce de capsule d'un beau jaune, renfermant la poussière fécondante.

Le filament est le *support,* la capsule est *l'anthère,* et leur réunion constitue ce que l'on appelle *étamine* ou organe mâle (pl. XII, fig. 1). Il serait plus juste de dire, que les étamines enveloppent le centre de la fleur qui est occupé par l'organe femelle dont nous aurons à nous occuper bientôt.

Trois parties distinctes forment donc l'étamine, ce sont :

1° L'*anthère* ou partie supérieure;

2° *Le pollen* ou poussière fécondante renfermée dans l'anthère;

3° Le *filet* ou support, partie ordinairement délicate et déliée qui supporte l'anthère.

Rarement l'anthère ne possède qu'une loge; cependant on en trouve un exemple dans les Malvacées (pl. XII, fig. 2).

Le plus ordinairement, elle est à deux loges ou à deux lobes (pl. XII, fig. 3); ces loges peuvent être pressées fortement l'une contre l'autre, sans aucun intermédiaire, mais il en est qui portent un corps intermédiaire épais et charnu, quelquefois très-court ou parfois très-long, auquel on a donné le nom de *connectif*, du mot latin *connectere* qui signifie *nouer, attacher*.

L'anthère est à quatre loges dans le *Butomus umbellatus* ou Jonc fleuri (pl. XII, fig. 4), qui croît abondamment sur le bord de nos ruisseaux; on la dit alors *quadriloculaire*.

Cette anthère a subi une section horizontale qui permet de voir les cavités des loges.

L'anthère affecte des formes nombreuses.

Dans la Bourrache elle est aiguë; elle est linéaire et repliée sur elle-même dans le Melon et les Cucurbitacées; dans les Malvacées elle a la forme d'un rein, elle est *réniforme;* dans les Graminées, les anthères sont fendues à leur sommet; dans l'Airelle-myrtille, leur partie supérieure porte des divisions allongées en *cornes*. Enfin, elles peuvent être *lancéolées, cordiformes*, en *flèche*, etc., etc.

Les anthères peuvent occuper trois situations différentes sur le filet : ou bien elles sont attachées à son sommet et alors on les nomme *apifixes*, du mot latin *apex* qui signifie sommet; ou bien elles en occupent la base et prennent le nom de *basifixes*; ou bien encore elles y sont soudées par le milieu et sont appelées *médiifixes*.

L'anthère possède une *face* et un *dos;* la face est le côté où sont situés les sillons des loges, le dos en est la partie opposée.

On dit aussi que l'anthère est *introrse*, quand les sillons des loges sont tournés vers le centre de la fleur; c'est là le cas le plus ordinaire; mais, si les sillons des loges sont dirigés vers l'extérieur, on la dit *extrorse*.

Cette disposition est assez rare, mais on la rencontre dans le Populage, dans la Nigelle, dans le Pied-d'alouette, etc.

Quelques botanistes pensent que les étamines et les autres parties de la fleur sont des feuilles modifiées; mais les explications qu'ils en donnent sont loin d'être les mêmes.

Les uns prétendent, et Schleiden, le savant naturaliste, est à leur tête, que la nervure moyenne de la feuille sert de connectif, dont le rôle est d'occuper l'espace situé entre les deux loges de l'anthère; le limbe de la feuille, se roulant de chaque côté, constitue ainsi les deux loges. Disposée de cette façon, la feuille forme, avec sa partie supérieure, la partie interne de la loge, tandis que sa face inférieure est transformée en surface externe; enfin, pour compléter cette théorie, c'est le parenchyme qui se convertit en pollen.

D'après Hugo Molh, la théorie est quelque peu différente. La feuille portant une nervure médiane, chacun de ses côtés se divise dans son épaisseur et se convertit en deux loges; là encore, c'est le parenchyme qui forme le pollen; plus tard, ce pollen, lors de la déhiscence (ouverture des loges), s'échappera par les bords de ces feuilles transformés en suture, pour servir à la fécondation des ovaires.

L'anthère est donc la partie la plus essentielle de l'étamine, dont le filet n'est que le support, et si, par hasard, elle vient à manquer, on doit comprendre que l'ovaire devient nécessairement stérile.

Évidemment, il se produit là des phénomènes mystérieux; seront-ils expliqués un jour? Peut-être, car si les instruments, sans cesse perfectionnés, si le microscope doublait, quadruplait son pouvoir grossissant, il deviendrait sans doute possible d'admirer de nouveaux organes et les ressorts qui les font agir.

A l'époque de la fécondation, les loges s'ouvrent, afin de

laisser échapper par leurs valves le pollen sous la forme d'un nuage léger. Ce pollen ou ces grains polliniques varient de formes et de couleurs, suivant les espèces ; le plus ordinairement ils sont jaunes, mais souvent blancs, rouges, bleus, violets, verdâtres. Pour les examiner, on les met sur une surface humide où ils se gonflent, se dilatent et prennent leur véritable forme. Dans les Ombellifères ils sont *oblongs;* dans les Cucurbitacées ils sont *globuleux*, ainsi que dans les Malvacées ; ils sont *icosaèdres* ou à vingt faces dans les Salsifis ; *pyramidaux triangulaires* dans les Onagres (pl. XII, fig. 5).

Souvent les grains polliniques sont lisses ; souvent ils sont armés de pointes ; dans le *Passiflora cærulea* ils sont *globuleux,* à trois plis et à surface disposée en *réseau* (pl. XII, fig. 6) ; enfin, on en rencontre qui sont soudés les uns aux autres par des liens imperceptibles, ou qui portent des côtes dont la forme peut être comparée à celles des Melons cantaloups.

Considéré dans son organisation, un grain de pollen mûr et bien développé, possède deux membranes intimement liées l'une à l'autre.

Certains botanistes donnent à la membrane externe le nom d'*extine*, tandis que d'autres lui donnent celui d'*exhyménine*.

La membrane interne, pour les uns, se nomme *intine*, tandis que pour les autres, elle est désignée sous le nom d'*endhyménine* (du grec *endon* dedans, et *umên* membrane) ; mais nous conserverons seulement les premières désignations comme étant plus simples et plus faciles à comprendre.

L'extine est épaisse, solide, susceptible de peu d'extension et, par cela même, se déchire plus facilement ; l'intine, au contraire, est mince, diaphane, très-élastique, entièrement ou partiellement fixée à l'extine, et très-souvent on la rencontre libre de toute soudure avec elle.

Les grains de pollen contenus dans les anthères, sont extrêmement nombreux ; c'est à ce point que, dans le Lis, par exemple, les enveloppes florales en sont littéralement couvertes au moment de la fécondation.

Quand les Pins et les Blés fleurissent, le sol est aussi couvert, souvent à de grandes distances, par une poussière jaune, qui n'est autre que du pollen en abondance, transporté par les vents.

Si l'on met un grain de pollen à la surface de l'eau, on remarque un phénomène vraiment curieux ; il se gonfle d'abord, se dilate et se rompt, puis une certaine quantité d'un liquide rempli de granules microscopiques s'en échappe vivement. C'est à cette liqueur que les botanistes ont donné le nom de *fovilla* (pl. XII, fig. 7).

Dans cette expérience, la rapidité de transformation est telle, qu'il est souvent très-difficile de l'observer. Or, voici ce qui se passe lorsqu'on agit dans d'autres conditions. Mettons un grain de pollen en contact avec un liquide composé d'eau, de sirop ou de gomme, en solution concentrée ; on verra que sous l'influence de ce liquide, de densité plus grande, l'absorption est plus lente, le gonflement moins rapide et la rupture difficile à s'opérer. De plus, l'intine ou membrane interne, qui est très-avide d'eau, se dilate et se plisse, tandis que l'extine est absolument rebelle à cette action. Mais il arrive un instant où la distension interne est si violente, qu'elle brise l'enveloppe externe et donne alors passage à des canaux allongés qui sont ce que l'on appelle les *tubes* ou *boyaux polliniques*.

La fovilla remplit ces tubes à mesure qu'ils se forment ; nous verrons, plus tard, le rôle important que jouent ces canaux lors de la fécondation des ovaires.

On distingue les pollens en *pulvérulents* et en *solides*. Le pollen est solide toutes les fois que les grains polliniques, réunis dans la loge de l'anthère, sont agglomérés, collés, soudés pour ainsi dire les uns aux autres, et conservent la forme de la loge qui les contenait.

On dit qu'il est pulvérulent, lorsqu'au contraire il s'échappe de la loge à l'état de poussière ; chaque corpuscule pollinique est libre alors de toute adhérence soit avec la loge, soit avec les autres grains.

Opinions diverses sur la nature du pollen.

Les physiologistes n'ont pas toujours été d'accord sur ce qui touche à la nature et à la composition du pollen.

Les uns, Gleichen particulièrement, croyaient que ces corpuscules qui se meuvent en tous sens étaient animés.

Brongniard, observant avec soin ce singulier phénomène, le décrivit avec une grande exactitude.

Robert Brown, enfin, démontra que les mouvements divers dont sont animés ces corpuscules, mouvements qui les rendent comparables aux *zoospermes*, ne sont dus en réalité, qu'à la singulière propriété de *mouvement* que possèdent les corps divisés à l'infini, placés au sein d un liquide. En effet, les corps, qu'ils soient organiques ou inorganiques, réduits en poudre impalpable et plongés dans un liquide, sont soumis à une sorte de mouvement de trépidation vraiment étonnant, et feraient croire volontiers qu'ils appartiennent à l'échelle animale. Mais il paraît bien démontré aujourd'hui que ces corpuscules ne sont point animés, qu'ils ne sont que des grains de fécule devenant bleus sous l'influence de l'iode, propriété qui permet de croire à leur nature végétale et non à la nature animale. Les savants ont donné au singulier phénomène découvert par Brown le nom de son auteur : c'est le *mouvement Brownien*.

Placé sur des charbons ardents, le pollen s'enflamme rapidement et répand une vive lumière ; examiné chimiquement, on y trouve, selon Poiret, de l'acide phosphorique, ce qui explique, dit cet auteur, la comparaison qu'on a établie entre la sécrétion animale et lui. Mais, ce qui surtout est digne de remarque, c'est l'analogie d'odeur qui existe, pendant la floraison et la fécondation, entre le pollen des Châtaigniers, des Dattiers, de l'Ailante, de l'Épine-Vinette et cette sécrétion animale.

De la formation du pollen et de son développement.

La formation du pollen et les différentes phases qu'il subit pour arriver à un développement complet sont des plus curieuses et des plus intéressantes. Au début, le bouton de la fleur étant à peine formé, l'anthère assez ordinairement est privée de son filet; c'est une masse parenchymateuse uniforme, composée de tissu cellulaire.

On remarque, à la périphérie, des utricules ou petites poches qui sont transparentes (pl. XII, fig. 8). Au sein de cette masse parenchymateuse se forment, le plus souvent, quatre petites lacunes gonflées de liquide épais et mucilagineux, qui se transforme bientôt en une enveloppe résistante. C'est cette enveloppe ou tissu utriculaire qui constitue alors toute la masse anthérique.

Les utricules périphériques de ces lacunes, qui sont les plus petites et les plus nouvelles, se transforment en cellules fibreuses, tandis que les utricules centrales, beaucoup plus larges, deviennent les réservoirs du pollen; ce sont les utricules *mères* du pollen. Ces cellules se gonflent aussi de sucs gélatineux, se remplissent de granules et se réunissent en une masse qui se divise en quatre noyaux. La matière gélatineuse se solidifiant produit l'isolement de ces noyaux (pl. XII, fig. 9), et par suite, la formation de quatre loges renfermant chacune un noyau libre de toute adhérence avec les cloisons.

Chaque noyau s'enveloppe d'un tissu qui lui est propre et donne naissance à un grain de pollen; les cloisons qui les divisaient disparaissent, laissant les grains de pollen libres dans leur cavité ; les parois des utricules mères disparaissant à leur tour, les grains polliniques se trouvent en liberté dans la cavité de la logette ; enfin, le travail de la nature se faisant sans aucune interruption, sous l'influence de la force végétative, l'amincissement des parois de l'anthère a lieu, la membrane qui séparait les deux loges de chaque lobe disparaît et produit une seule loge par la réunion des deux logettes.

L'anthère dont nous venons de donner la description est celle du *Cucurbita pepo*.

L'Anthère, ses différentes situations : la déhiscence.

Lorsque l'anthère est attachée au filet dans toute son étendue, sans l'existence d'un connectif, on dit qu'elle est *adnée* (du latin *ad* sur et *natus* né, qui fait corps avec le filet), comme on le voit dans les Renoncules ; si elle ne tient au filament que par un seul côté, elle est dite *latérale*, comme dans les Balisiers. On la nomme *terminale* quand elle en occupe le sommet, comme dans le Radis, le Datura, etc. ; enfin, l'anthère peut encore être *immobile*, comme dans les Composées, ou *pivotante*, comme dans les Liliacées.

La déhiscence de l'anthère, ou l'ouverture de ses loges, est un phénomène qui se produit lorsque le moment de la fécondation est arrivé. A cette époque, et dans la plupart des cas, les loges s'ouvrent par l'angle interne qu'on voit à leur face.

Souvent, la déhiscence a lieu par son extrémité la plus élevée où il se forme une petite ouverture, comme dans les Bruyères ; ou bien, lorsque les anthères sont privées de sillons, le pollen s'échappe par deux valves à leur sommet, ainsi qu'on le remarque dans le Laurier.

Structure anatomique du filet et de l'anthère.

Considéré dans sa structure, le filet diffère essentiellement de l'anthère ; on pourrait tout d'abord supposer qu'il en possède l'organisation.

Mais on rencontre dans le filet, et à son centre, un faisceau fibro-vasculaire unique, enveloppé de tissu cellulaire qui, lui-même, est protégé par une enveloppe constituant un véritable épiderme.

L'anthère, au contraire, ne possède que deux couches, l'une intérieure, l'autre extérieure. La couche extérieure ou superficielle est considérée comme un épiderme où l'on trouve souvent des stomates, tandis que la couche intérieure n'est absolument composée que de cellules fibreuses agglomérées ; ces cellules forment deux parties auxquelles on a donné le nom de *vésicule* et de *spiricule*.

Fermées au début, les cellules, à mesure que le développement s'opère, se modifient promptement, car la première de ces parties, la vésicule disparaît, ne laissant plus que la spiricule ayant l'apparence d'un treillage à claire-voie.

Les cellules fibreuses jouent un rôle important ; c'est par leur élasticité qu'elles rompent la suture des loges, facilitent l'écartement des valves et enfin la dispersion des grains polliniques, lors de la fécondation.

Nombre des étamines.

L'androcée est formé d'un plus ou moins grand nombre d'étamines. Il est des plantes qui n'en portent qu'une, mais il en est qui en possèdent une grande quantité. Aussi, pour exprimer les nombres intermédiaires, est-on dans l'habitude de se servir des désignations suivantes :

La fleur qui ne porte qu'une étamine est *monandre ;* celle qui en a deux est *diandre ;* trois, *triandre ;* quatre, *tétrandre ;* cinq, *pentandre ;* six, *hexandre ;* sept, *heptandre ;*

huit, *octandre;* neuf, *nonandre;* dix, *décandre.* Si ce nombre est plus considérable et qu'il soit de onze à vingt, on dit que la fleur est *dodécandre,* et enfin, elle est dite *polyandre* si elle en renferme un plus grand nombre.

Ainsi, le Centranthe rouge ou Valériane rouge est monandre, la Véronique est diandre, le Blé est triandre, le Caille-lait est tétrandre, la Bourrache est pentandre, la Tulipe est hexandre, le Marronnier est heptandre, la Bruyère est octandre, le Laurier est nonandre, l'Œillet est décandre, le Réséda est dodécandre, le Pavot est polyandre.

Longueur des étamines.

Considérées dans leur longueur, les étamines offrent un curieux sujet d'étude ; leur inégalité dans certaines espèces est régulière.

On leur donne différents noms ; ainsi, on appelle étamines *didynames* (des mots grecs *dis* deux et *dynamis* puissance) celles qui sont au nombre de quatre, dont deux sont toujours plus longues. Exemple, le Grand Muflier, *Antirrhinum majus* (pl. XIII, fig. 1).

On dit qu'elles sont *tétradynames* (*tetra* quatre, *dynamis* puissance) quand, au nombre de six, il y en a quatre plus grandes. Exemple, toutes les Crucifères (pl. XIII, fig. 2).

Dans d'autres plantes, comme les *Oxalis*, il y a dix étamines, cinq grandes et cinq petites.

Union des étamines.

Souvent, les étamines sont dégagées de tout lien entre elles, c'est-à-dire qu'elles sont libres, indépendantes, sans adhérence ; mais souvent aussi elles sont soudées à différents degrés.

Tantôt elles sont unies par leurs filets, tantôt par leurs anthères, et fréquemment on les trouve attachées par ces deux parties.

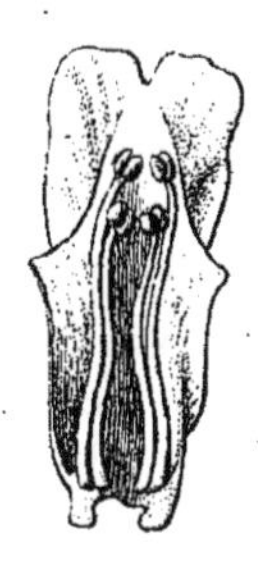

Etamines didynames de
l'Antirrhinum (Mufle de Veau)

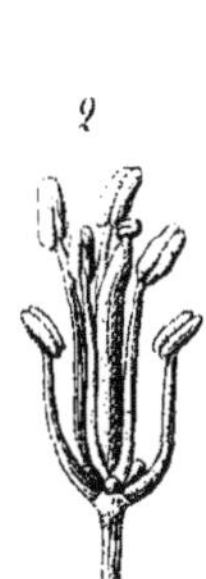

Etamines tétradynames
des Crucifères

Etamines du Grand Soleil
réunies par leurs anthères, avec
les filets libres.

Etamines monadelphes de la Mauve

Etamines diadelphes du Pois

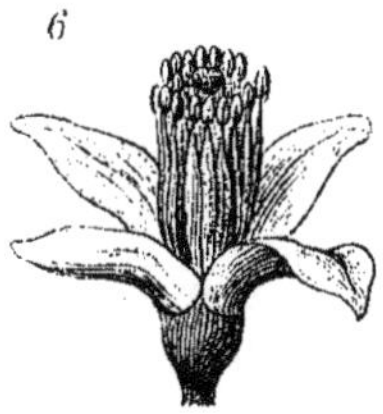

Etamines polyadelphes de la Fleur d'Oranger

Cours de Botanique par M. Maison.   Lith. Dufour-Bouquot.

LONGUEUR & UNION DES ÉTAMINES

Quand les anthères sont libres, qu'il n'y a pas soudure entre elles, mais qu'elles sont pressées les unes contre les autres, on dit qu'elles sont *conniventes*, ainsi qu'on le voit dans la Morelle Douce-amère.

Dans les Composées, les fleurs prennent le nom de *synanthérées* (du grec *sun* avec et *anthéros* fleuri), lorsque les étamines sont unies, les filets demeurant libres (pl. XIII, fig. 3).

Mais si les étamines s'unissent au pistil et se soudent avec lui pour ne faire qu'un seul faisceau, on dit qu'elles sont *gynandres* (de *gunè* femelle et *aner* mâle); cette disposition est particulière à toutes les plantes de la famille des Orchidées.

. Lorsque l'union des étamines se produit par les filets, on lui donne le nom d'*adelphie;* on dit alors qu'une fleur est *monadelphe* pour exprimer que les étamines forment un seul faisceau (*monos* seul, *adelphos* frère), *diadelphe* deux faisceaux et *polyadelphe* plusieurs faisceaux. Ainsi, dans les Malvacées, les fleurs sont monadelphes (pl. XIII, fig. 4).

Dans les Légumineuses, où les étamines sont généralement au nombre de dix, une seule reste libre, les neuf autres étant soudées, la fleur est *diadelphe* (pl. XIII, fig. 5). Elles sont *triadelphes* dans plusieurs espèces de Millepertuis. Enfin, dans la fleur d'Oranger (pl. XIII, fig. 6), et dans le *Melaleuca hypericifolia,* les fleurs sont *polyadelphes.*

Situation des étamines.

Quand les fleurs sont monopétales, les étamines correspondent ordinairement aux divisions, ou mieux aux lobes de la corolle ; en d'autres termes, elles occupent l'espace situé entre les lobes de cette corolle ; elles sont *alternes.*

La même disposition a lieu dans les fleurs polypétales, lorsque le nombre des pétales est égal au nombre des étamines, ainsi qu'on le remarque dans les Borraginées et les Ombellifères.

Cette situation n'est pas rigoureuse cependant, puisque nous trouvons des plantes comme la Vigne, l'Epine-vinette, etc., etc., où les étamines sont *opposées* aux pétales.

Dans son *Manuel d'herborisation en Suisse*, M. de Clairville dit avec raison : « Les étamines répondent ordinaire-
» ment au nombre des pétales ou des découpures de la co-
» rolle monopétale, ou bien elles y sont au double. En
» observant, d'après ce principe, une fleur qui pèche par
» le nombre d'étamines, par exemple l'*Alsine media* ou
» Morgeline, qui a, tantôt trois, cinq, sept étamines, quel
» est le nombre vrai qu'elle doit avoir ?

» Cette fleur a cinq pétales, elle doit donc avoir cinq ou
» dix étamines.

» Dans les fleurs qui n'en ont que cinq, les étamines sont
» toujours alternes avec les pétales ; s'il doit s'en trouver
» dix, les cinq autres sont placées vis-à-vis la base des pé-
» tales. D'après cette règle, une fleur d'*Alsine media*,
» n'aurait-elle que trois étamines, pourvu qu'une de ces
» étamines soit en face d'un pétale, et les deux autres al-
» ternes, c'est une raison suffisante pour conclure que cette
» fleur doit avoir dix étamines.

» Dans le cas où les trois ou cinq étamines existantes se
» trouveraient toutes alternes avec les pétales, il faudrait
» alors consulter l'analogie ; et, comme les autres membres
» de cette famille ont dix étamines, on a des présomptions
» très-fortes que l'*Alsine media* doit avoir aussi dix éta-
» mines.

» En comptant les étamines stériles, ou absentes par dé-
» faut, comme celles qui existent dans l'état de perfection,
» et cherchant toujours le nombre vrai, la marche est plus
» sûre.

» En général, les étamines pèchent rarement par excès,
» mais souvent par défaut. »

Enfin, quand le calice ou périanthe simple est monosépale, comme dans les Jacinthes, les étamines sont fixées sur
le calice, tandis qu'elles sont insérées sur la corolle toutes
les fois qu'elle existe, ainsi qu'on peut le remarquer dans les
Campanules et les Labiées.

Régularité et irrégularité de l'Androcée.

Ce que nous avons dit du calice et de la corolle, relativement à leur régularité et à leur irrégularité, peut s'appli-
quer également à l'*Androcée*.

La régularité consiste dans l'égalité des étamines ; elles
doivent être placées à des intervalles égaux sur le réceptacle, et posséder la même hauteur.

Cependant leur inégalité, dans certaines espèces, n'entraîne pas l'irrégularité de l'androcée, si elle se présente
toujours sous l'empire d'une loi uniforme. C'est ainsi que,
dans certaines fleurs, on rencontre dix étamines, cinq
grandes et cinq petites. Dans ce cas, la régularité n'est pas
détruite, car il y a alternance entre elles, c'est-à-dire qu'une
petite étamine succède à une grande et que cette succession
est régulière et constante dans la réunion de ces organes.

Dans d'autres, on trouve vingt étamines formant quatre
faisceaux d'inégales grandeurs ; là encore, la régularité n'est
pas détruite, car ce phénomène ou cette disposition est le
résultat d'une invariable loi.

L'irrégularité de l'androcée réside donc dans l'inégalité
des étamines, dans les hauteurs différentes qu'elles occupent
sur le réceptacle, et surtout dans l'absence d'une loi régu-
latrice. Dans les Scrophularinées, l'androcée est irrégulier,
parce qu'il y a quatre étamines, deux longues et deux
courtes.

Quand les étamines sont soudées, et que dans cette
réunion elles sont toutes d'égale hauteur, l'androcée est en-

core régulier ; mais si avec cette soudure les étamines sont inégales, l'androcée est irrégulier.

Staminodes.

On désigne sous le nom de *staminodes* les étamines qui ne portent pas d'anthères ; elles se bornent au filet seulement, qui prend l'apparence d'un pétale ou d'un appendice charnu.

Il découle naturellement de cette disposition que ces organes, ainsi modifiés, sont frappés de stérilité, puisque le pollen fait défaut.

Dans les Orchidées où il y a trois filets staminaux soudés, on rencontre deux étamines modifiées qui sont de véritables staminodes.

Dans le *Penstemon* où, comme le nom l'indique, il a cinq filets, quatre des étamines portent des anthères, tandis que la cinquième reste toujours à l'état de filet.

Dans les *Pterospernum,* l'exemple est beaucoup plus sensible, bien plus remarquable, puisque des vingt étamines qui forment l'androcée, quinze sont fertiles et cinq se prolongent en filaments.

Les staminodes sont donc des étamines à l'état rudimentaire.

9ᵉ Conférence.

Le Gynécée.

Après avoir étudié le calice, la corolle, les étamines, qui sont des verticilles floraux, nous devons compléter cette étude par le dernier de ces verticilles, le *Gynécée.*

Le but de la nature est évident, car, en créant les différentes parties des plantes soumises à notre examen, elle a dû songer à les propager, à en opérer la multiplication.

Aussi, a-t-elle entouré de toute sa sollicitude les organes reproducteurs en leur offrant, sous la forme de la corolle et du calice, deux barrières protectrices assurément efficaces.

S'il nous était permis d'établir une comparaison, en prenant pour point de départ des êtres appartenant à la classe *animale,* nous pourrions dire que l'on trouve entre eux et les végétaux bien des points de ressemblance. En effet, l'ovaire animal n'est-il pas, comme l'ovaire végétal, le réservoir des ovules? Est-ce que ces ovules ne se transforment pas, dans l'une et l'autre échelle, en des êtres destinés à reproduire, dans un temps limité par la nature, des sujets qui en sont la reproduction fidèle? Est-ce que, considérés dans leur situation, nous ne voyons pas ces ovules placés dans des conditions particulières qui en assurent la conservation; est-ce qu'enfin l'ovaire lui-même, dans les plantes, ne se développe pas au centre de la fleur ou au centre du réceptacle, comme l'embryon humain dans les entrailles de la mère? Oui, la nature, en vue de la reproduction, n'a rien négligé pour que cet acte important s'opérât dans la plus grande sécurité et dans des milieux inaccessibles aux agents extérieurs qui, sans cela, deviendraient à chaque instant profondément perturbateurs.

Le gynécée est, nous l'avons déjà dit, la réunion des organes femelles; il existe seul dans les fleurs qui n'ont pas d'étamines, et il est toujours situé au centre de la fleur.

Il peut être formé d'un ou de plusieurs pistils; ces pistils sont ordinairement semblables et constituent l'organe le plus indispensable au point de vue de la reproduction future, car ils en renferment tous les éléments.

Quelquefois situé au fond du réceptacle, le pistil est protégé par les filets des étamines, par des écailles ou des bourrelets, et plus encore par le calice et la corolle qui disparaissent, soit entièrement, soit partiellement après la fécondation et pendant la période de développement de l'ovaire.

Cinq parties distinctes forment le gynécée, ce sont :

1° L'*ovaire ;*

2° Le *style ;*

3° Le *stigmate ;*

4° Les *ovules ;*

5° Les *trophospermes* ou *placentas.*

L'Ovaire.

L'*ovaire* (du latin *ovum* œuf) est toujours situé à la base du pistil ; il est *libre* ou *adhérent*. Il est libre lorsque, placé sur le réceptacle, il n'y est fixé que par sa base (pl. XIV, fig. 1).

Il est adhérent lorsqu'il est partiellement ou entièrement enveloppé par la partie allongée du réceptacle, qui est regardée comme le tube du calice.

L'ovaire peut être ainsi défini : une cavité particulière, *simple* ou *divisée ;* elle est simple lorsqu'elle ne possède qu'un seul compartiment, qui reçoit le nom de *loge*. Elle est divisée quand, au contraire, elle forme plusieurs compartiments ou plusieurs loges.

Dans les Légumineuses, les Crucifères, chaque fleur ne porte qu'un ovaire ; mais les Labiées, les Renonculacées en offrent plusieurs. Cependant, l'ovaire peut être à deux, à trois, à quatre ou à cinq loges ; dans ces différents cas il prend des noms divers ; ainsi, il est *biloculaire* s'il en a deux, *triloculaire* s'il en a trois, *quadriloculaire* s'il en a quatre, et *quinquéloculaire* s'il en a cinq.

L'ovaire est destiné à porter, dans sa cavité ou dans ses loges, les *ovules* qui, considérés dans leur situation, acquièrent une importance remarquable. En effet, si l'ovaire n'a qu'une seule loge, et que les ovules n'occupent que le point central, sans contracter d'adhérence avec les parties

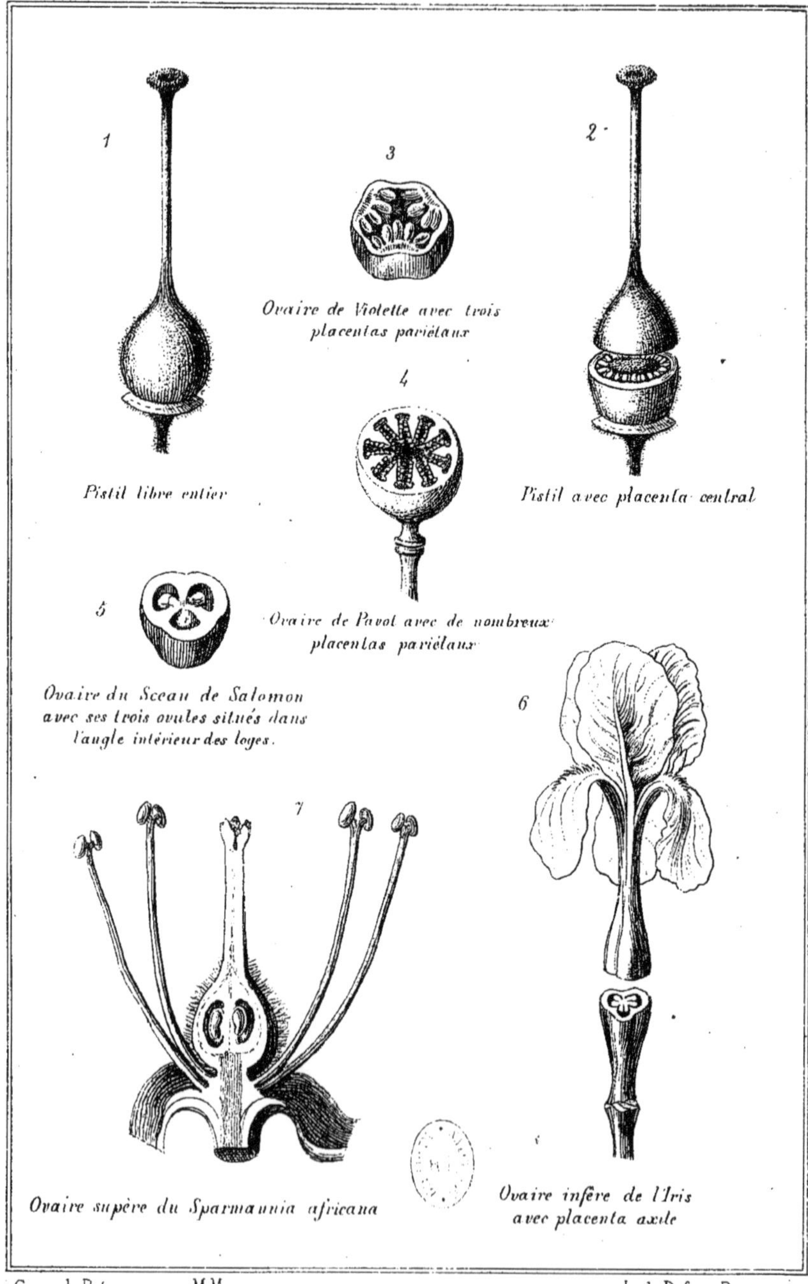

Cours de Botanique par M. Maison.   Lith. Dufour-Bouquot.

ORGANES DE LA REPRODUCTION, PISTILS.

latérales ou parois intérieures, on dit qu'il est *central,* comme on le remarque dans les Primevères (pl. XIV, fig. 2) et dans les Myrsinéacées. Ou bien, ce sont des espèces de renflements charnus, faisant corps avec les parois de l'ovaire, qui ont la mission de supporter ces ovules. Dans le Pavot, par exemple, ces renflements nombreux, sortis de cordons plus ou moins épais, semblent se toucher et former des divisions complètes, tandis que l'ovaire est uniloculaire, comme dans celui de la Violette (pl. XIV, fig. 3 et 4.)

Ces corps particuliers qui supportent les ovules ou les graines portent le nom de *trophospermes* ou de *placentas* (du grec *trephô* nourrir, et *sperma* semence).

Nous avons donc affaire, dans la disposition des placentas ci-dessus, à des placentas *pariétaux.*

L'ovaire est-il pluriloculaire ou à un grand nombre de loges, les ovules sont ordinairement fixés sur l'endroit de la loge le plus central, qui forme évidemment l'*angle interne* et qui en représente l'*axe.* Or, le placenta est *axile.* Exemples : le Lis, le Sceau de Salomon, la Tulipe (pl. XIV, fig. 5).

Il résulte de ces explications qu'il faut établir trois dispositions de placentas ou trois sortes de placentas, savoir :

1° Le placenta *central*, pour les ovaires uniloculaires;

2° Les placentas *pariétaux,* —   —

3° Le placenta *axile*, pour les ovaires pluriloculaires.

Cependant, l'ovaire de la Giroflée, quoique pluriloculaire, montre des placentas pariétaux au lieu de placentas axiles, c'est-à-dire que les ovules, loin d'être situés sur l'endroit le plus près du centre, sont accolés à la paroi externe, comme dans les Ovaires uniloculaires.

Généralement, lorsque plusieurs pistils libres sont placés sur la paroi interne d'un calice tubuleux, au lieu d'être fixés sur le réceptacle, ils forment toujours les ovaires pariétaux (pl. XIV, fig. 3).

Si, au contraire, les pistils s'unissent, ils produisent par cette union ou cette soudure un ovaire à plusieurs loges complètement séparées par des espèces de membranes auxquelles on a donné le nom de *cloisons*, qui représentent la placentation axile. Ces cloisons peuvent être *complètes* ou *incomplètes*. Quand elles aboutissent à un centre commun, et dans toute leur étendue, elles sont complètes, et, par opposition, elles sont incomplètes lorsqu'elles ne forment qu'une saillie légère et qu'en réalité l'ovaire reste simple et uniloculaire, comme on le remarque dans les Gentianées, etc.

Ovaire supère, Ovaire infère.

Nous avons dit plus haut que l'ovaire, dégagé de toute adhérence avec le réceptacle, prenait le nom d'Ovaire libre; on complète ordinairement par le mot *supère* l'explication qui en peut être donnée, parce qu'elle indique exactement sa véritable situation sur le réceptacle (pl. XIV, fig. 1 et 7). L'ovaire adhérent reçoit le nom d'*infère*, qui montre, au contraire, son adhérence avec le tube du calice (pl. XIV, fig. 6).

En d'autres termes, si l'ovaire est situé au milieu de la fleur, il est supère; s'il est situé sous la fleur, il est infère.

Souvent on désigne sous un nom particulier l'ensemble des organes, qui constitue le dernier verticille floral, ou la spirale d'organes occupant le centre de la fleur et qui sont, paraît-il, des feuilles modifiées; aussi, donne-t-on fréquemment aux pistils le nom de *carpelles* (du grec *carpos* fruits).

A cet égard, il n'est pas sans intérêt d'exposer la théorie de transformation des feuilles en carpelles, théorie que nous n'avons qu'indiquée dans la dernière conférence, et qui, adoptée aujourd'hui, mérite qu'on y attache une certaine importance.

Une feuille étant donnée, sa nervure principale ou médiane présente, à droite et à gauche, une face supérieure;

par une torsion, par l'enroulement de ses deux côtés sur la nervure, qui est la partie axile, la face supérieure est convertie en face interne. Là, les bords se soudent et constituent une cavité qui prend le nom de *loge*. Le limbe de la feuille donne ensuite naissance à l'ovaire ; le style est produit par le sommet de la nervure qui s'allonge, et le stigmate, cette partie qui doit recevoir le pollen, est encore une transformation du sommet de la nervure.

Dans cette situation, l'organe formé présente une nouvelle face, c'est-à-dire que la partie qui, tout à l'heure, était opposée à la face supérieure, le dessous de la feuille, forme la paroi externe de la loge.

Par ce rapprochement des bords, par leur soudure, le bourgeon que renferme toujours chaque feuille à son aisselle est enveloppé et se convertit, par une nouvelle transformation, en un ou plusieurs ovules.

On peut résumer ainsi la transformation des feuilles en carpelles :

1° La partie centrale d'une fleur complète est toujours formée par des feuilles modifiées qui ont reçu le nom de carpelles ;

2° Le ou les carpelles unis au limbe de la feuille donnent naissance à l'ovaire ;

3° La nervure principale ou médiane produit, en se prolongeant, le style et le stigmate ;

4° Formation de la face dorsale par la nervure médiane de la feuille ;

5° Formation d'une suture par la réunion des bords de la feuille ;

6° Existence, dans la loge carpellaire, de petits bourgeons axillaires destinés à faire les ovules ;

7° Ovules toujours adhérents au végétal par des faisceaux vasculaires ou placentas, partant de la partie axile de la fleur et du carpelle ;

8° **Alternance** des carpelles avec les étamines, et par contre, toujours opposés aux pétales.

Enfin, on dit généralement que le carpelle est au pistil, ou gynécée, ce que le sépale est au calice, ou bien ce que le pétale est à la corolle, ou bien encore, ce que l'étamine est à l'androcée, qui est la réunion des organes mâles.

Telle est l'histoire du carpelle.

Le Style.

Le *style* (du grec *stylos* colonne) est une des trois parties qui forment le pistil ; c'est une espèce de filament ou de tube à forme délicate et déliée, une sorte de canal formé d'un tissu cellulaire à mailles très-lâches, dont les cellules sont aussi longues que flexibles. Le rôle très-important dont ce tissu est chargé à l'époque de la fécondation lui a fait donner, par les botanistes, le nom de *tissu conducteur*.

Le style porte à son sommet le stigmate.

Quand il y a un certain nombre de styles au-dessus de l'ovaire, ils peuvent être libres dans toute la hauteur, ou se réunir dans une étendue plus ou moins considérable ; alors, on les désigne sous les noms donnés plus haut aux calices monosépales et aux corolles monopétales, c'est-à-dire aux organes seulement divisés. Ainsi, on nomme *bifide, trifide, quadrifide, multifide,* le style dont les divisions sont près du sommet, et *bipartit, tripartit, quadripartit, multipartit* celui qui est divisé dans la plus grande moitié de sa hauteur.

Il est à remarquer que le nombre des styles est en raison du nombre des placentas ; or, les ovaires qui n'ont qu'un placenta central, n'ont ordinairement qu'un style ; ceux dont les placentas sont pariétaux ou latéraux ont le même nombre de styles que de placentas.

Cependant, le Blé et toutes les Graminées offrent deux styles avec un seul ovaire et un seul placenta pariétal.

Habituellement, et c'est le cas le plus ordinaire, le style

1
Stigmate sessile
3
Ovaire du Lin avec ses cinq
stigmates.
2
Rhubarbe avec ses trois styles et
ses trois stigmates.
4
Stigmate trilobé
5
Blé avec ses Stigmates
plumeux
6
Stigmate à collerette du Goodenia

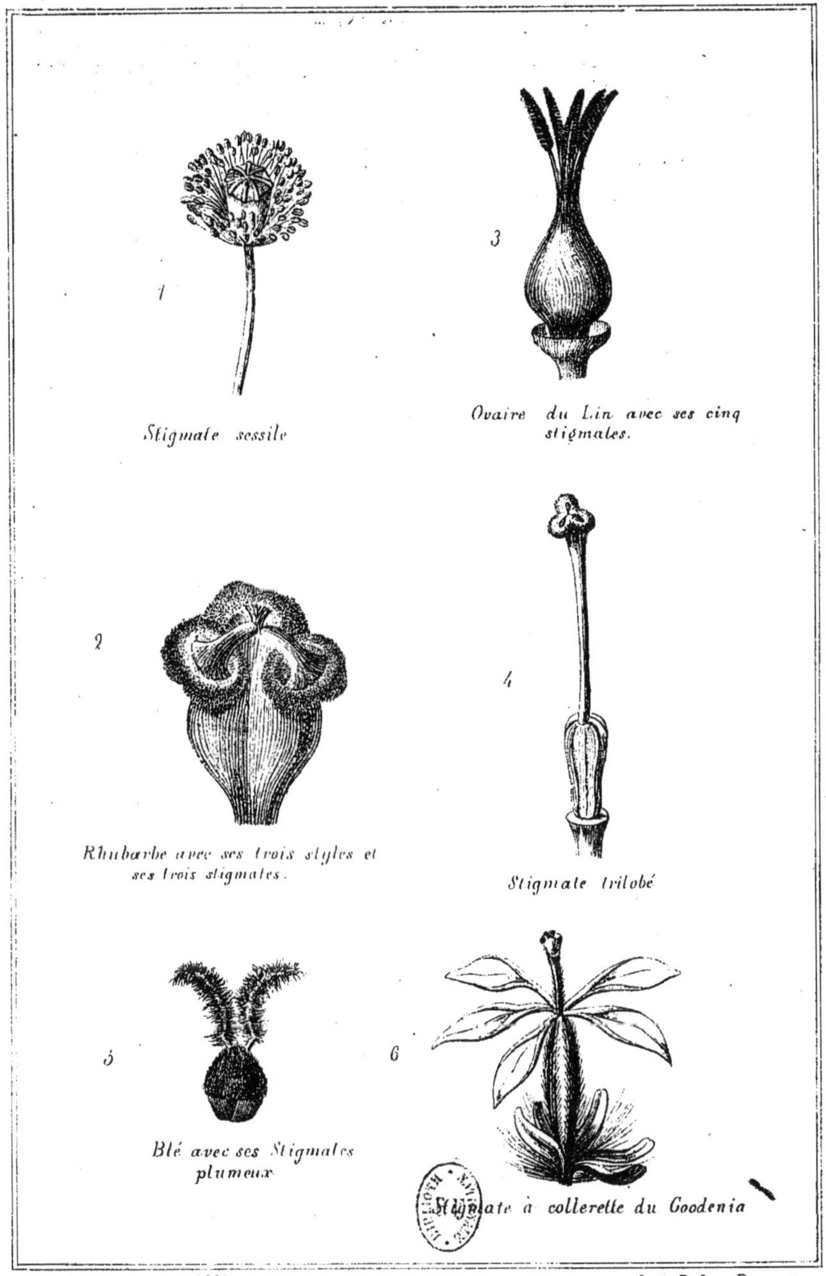

STIGMATES

est placé au sommet de l'ovaire ; on dit alors qu'il est *termi-nal*. Quelquefois l'ovaire se développe plus d'un côté que de l'autre ; il porte dans ce cas le nom de style *latéral ;* mais si l'ovaire, dans le développement excessif de l'un de ses côtés, laisse le style comme fixé à sa base, il prend le nom de style *basilaire*.

La fécondation terminée, les styles se flétrissent et meurent, mais ils laissent toujours sur l'ovaire la trace de leur existence ; on dit alors qu'ils sont *caducs ;* la Prune, la Cerise en offrent un exemple.

Dans les Crucifères ils sont persistants, c'est-à-dire qu'ils demeurent sur l'ovaire.

Enfin, on donne le nom de styles *accrescents* à ceux qui, comme dans les Anémones et les Pulsatilles, se convertissent en une partie soyeuse.

Le Stigmate.

Au sommet du style se trouve le *stigmate ;* c'est un corps glanduleux, dont la surface est ordinairement couverte d'une substance visqueuse, gluante, qui augmente vers l'époque de la fécondation et dont l'importance est capitale au point de vue de la reproduction. En effet, si le stigmate vient à manquer, le pollen ne trouvant pas cet organe pour le recevoir et favoriser, par son humidité, le développement des boyaux polliniques, la fécondation n'a pas lieu et la sté-rilité est complète.

Il arrive quelquefois que le style manque ; dans ce cas, le stigmate est sessile (pl. XV, fig. 1).

Dans certaines espèces, les styles et les stigmates restent libres ; dans d'autres, les stigmates ne se soudent pas, tandis qu'il y a union complète ou partielle des styles ; — dans la Rhubarbe, par exemple, on reconnaît bien distincts trois styles et trois stigmates (pl. XV, fig. 2). L'ovaire du Lin en possède cinq (pl. XV, fig. 3).

On appelle stigmate composé, celui qui résulte de la soudure des styles et des stigmates, soudure qu'il est toujours facile de reconnaître aux divisions plus ou moins profondes qu'il porte et qui indiquent le nombre de stigmates ; aussi dit-on stigmate *bilobé, trilobé*, etc., etc. (pl. XV, fig. 4), ou stigmate *bifide, trifide*, etc., etc., suivant la grandeur de ces divisions.

Dans les Graminées, le Blé porte sur son ovaire deux styles et deux stigmates plumeux (pl. XV, fig. 5).

Dans le *Goodenia*, arbrisseau à fleurs élégantes, portées sur de longs pédoncules, le stigmate se trouve placé au centre d'une collerette (p. XV, fig. 6).

Les grains polliniques, en abandonnant l'anthère, sont entraînés soit par les vents, soit par les insectes qui, voltigeant de fleurs en fleurs, s'introduisent dans les corolles et favorisent ainsi, dans bien des cas, le phénomène de la fécondation. Le plus souvent, le pollen tombe directement sur le stigmate.

Quant à leur forme, elle est très-variable ; les stigmates peuvent être *linéaires, globuleux, sphériques, sagittés, peltés* ou en *bouclier,* en *crochet, cruciformes*, etc., etc.

Les Ovules.

Les *ovules* sont les germes ou les rudiments des graines ; ils appartiennent à l'ovaire dans la cavité duquel ils sont situés et fixés aux placentas.

L'ovule est formé par un corps central qui porte le nom de *nucelle* ; ce nucelle est renfermé dans une double membrane dont chacune possède une ouverture au sommet.

L'ouverture de la membrane externe prend le nom d'*exostome* ou de *micropyle,* suivant le degré d'avancement ou de maturité de la graine ; ainsi, au début, l'exostome représente l'ouverture *large* ou bord libre de la membrane externe qui est la *primine,* tandis que dans un état plus avancé, et

*Ovule orthotrope ou régulier.
de Rhubarbe.*

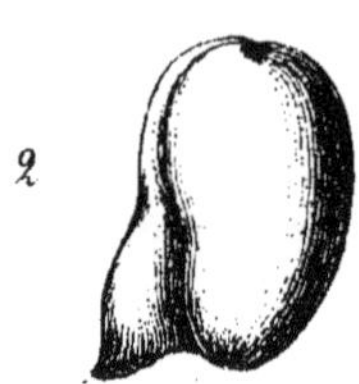

Ovule anatrope (Ellébore fétide)

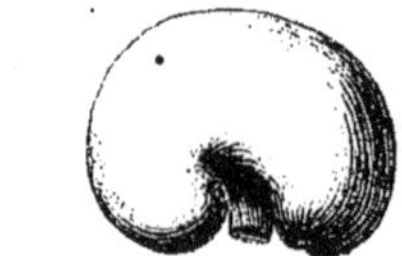

Ovule campulitrope de Haricot

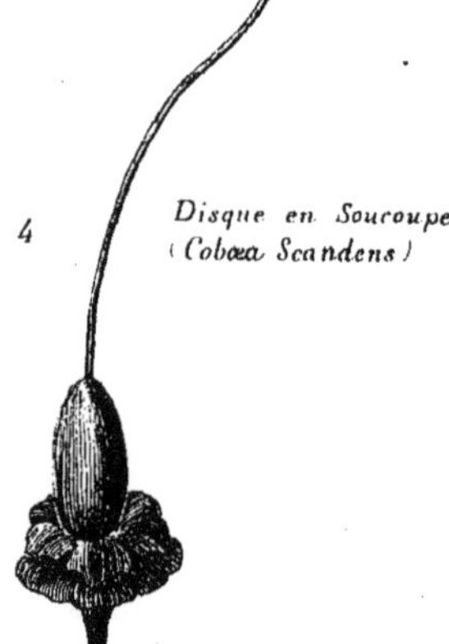

*Disque en Soucoupe
(Cobœa Scandens)*

Nectaires enveloppant les étamines

*Nectaires entourant les deux
tiers de l'ovaire.*

OVULES

par suite du rétrécissement des bords de cette ouverture, l'exostome prend le nom de *micropyle*. La membrane interne, celle qui enveloppe directement le nucelle, se nomme *secondine*, et l'ouverture située à son sommet constitue ce que l'on appelle l'*endostome*.

L'endroit où le nucelle est fixé dans la membrane interne se nomme *chalaze* ou *ombilic interne*, et l'on désigne sous le nom de *hile* ou *ombilic externe* le point qui réunit la primine au trophosperme.

On appelle *funicule* une espèce de bourrelet sur lequel sont fixés les ovules ; en son absence ils sont nécessairement attachés sans intermédiaire sur le placenta, et forment alors les ovules *sessiles*.

Différentes sortes d'ovules.

On reconnaît différentes sortes d'ovules dont les noms sont basés sur la position du hile relativement au micropyle et sur leur forme. Ainsi, dans le premier cas, si le hile est directement opposé au micropyle, l'ovule est *régulier* ; c'est l'ovule *orthotrope* (du grec *orthos* droit et *trépos* direction, pl. XVI, fig. 1).

Dans le second cas, l'ovule est *irrégulier*, et le hile se trouve situé dans le voisinage du micropyle ; sa forme est changée par une sorte de rotation, car, dans ce phénomène, la chalaze ou ombilic interne, par un développement plus prompt d'un côté de l'ovule, s'est dirigée sur le point opposé à celui où elle a pris naissance. C'est à cette forme que l'on a donné le nom d'ovule *anatrope* (*ana* en remontant et *trépos* direction, pl. XVI, fig. 2).

Dans le troisième cas, l'ovule est *réniforme*, c'est-à-dire qu'il offre l'apparence d'un *rein* ou du Haricot ; le nucelle s'est courbé de telle façon, que la chalaze vient prendre une situation entièrement opposée à celle du hile (pl. XVI, fig. 3). C'est alors l'ovule *campylotrope* (*campylos* recourbé et *trépos* direction).

La Rhubarbe à un ovule orthotrope ;

L'Ellébore à un ovule anatrope ;

Le Haricot à un ovule campylotrope.

On peut résumer ainsi la composition de l'ovule et ses différentes formes :

1° Le *nucelle* ou corps central de l'ovule ;

2° La *membrane* ou tunique double de l'ovule ;

3° La *primine* ou tunique externe ;

4° La *secondine* ou tunique interne ;

5° L'*exostome* ou micropyle, ouverture du sommet de la tunique externe, suivant le degré d'avancement de l'ovule ;

6° L'*endostome*, ouverture du sommet de la tunique interne ;

7° La *chalaze* ou ombilic interne, point où est fixé le nucelle dans la tunique ;

8° Le *hile* ou ombilic externe ;

9° Le *funicule* ou point d'attache des ovules sur le placenta.

Résumé des différentes formes d'ovules.

1° Ovule *orthotrope* ou droit et régulier, c'est-à-dire dont la chalaze est directement opposée au hile ;

2° Ovule *anatrope* celui dont le nucelle s'est recourbé au point de se placer à côté du hile ;

3° Ovule *campylotrope* celui dont le nucelle s'est recourbé à ce point que la chalaze est entièrement opposée au hile.

Le Disque et les Nectaires.

Le *disque* n'existe pas dans toutes les fleurs ; c'est un corps glanduleux et charnu. Il n'est pas un organe particulier et n'est formé que par des saillies plus ou moins grandes, plus ou moins épaisses, fournies par le réceptacle.

On considère ces corps saillants comme des *nectaires*

dont la réunion constitue le disque. Ils ont l'apparence de glandes qui sécrètent un liquide mielleux, et sont ordinairement situés soit directement sur le disque ou sur les pétales et les étamines.

Le disque peut offrir différentes situations; souvent on le trouve au-dessous de l'ovaire, fixé au réceptacle ; souvent il est placé entre le calice et la corolle. Quant à ses formes, elles sont également variables : tantôt il a, comme dans la Rue, l'apparence d'un bourrelet qui supporte l'ovaire; tantôt il représente une espèce de soucoupe à bords arrondis, sinués, a cinq lobes enveloppant l'ovaire, comme dans le *Cobœa scandens* (pl. XVI, fig. 4).

Les nectaires sont souvent parfaitement libres, indépendants les uns des autres, comme dans le *Cedrela toona* (pl. XVI, fig. 5) où ils enveloppent chaque étamine à la base; d'autres fois, et dans le *Balanites œgyptiaca*, par exemple, ils sont soudés entre eux, enveloppant les deux tiers de l'ovaire (pl. XVI, fig. 6).

Le disque est dit *hypogyne* quand il occupe le dessous de l'ovaire; il est *perigyne* quand il est autour, et *epigyne* lorsqu'il est au-dessus.

Quand le disque supporte l'ovaire on le nomme *podogyne*. Enfin, le disque est encore considéré par quelques botanistes comme un des verticilles floraux.

Symétrie et régularité dans la fleur.

Il ne faut pas confondre la *symétrie* et la *régularité* dans la fleur. La symétrie réside dans le nombre et la situation des différentes parties d'une fleur; il s'ensuit de là qu'une fleur peut être irrégulière et cependant symétrique; ainsi, dans la Violette, où il y a trois verticilles : le calice, la corolle et les étamines, tous ces verticilles sont formés de cinq parties, dont chacune devient alterne avec les divisions du verticille suivant; et il y aurait absence de symétrie si le calice et la corolle, ayant quatre divisions, il ne se présentait que deux étamines.

On comprendra donc aisément que la symétrie ne peut exister qu'avec trois verticilles au moins, pour être soumise à la loi d'alternance.

Or, une fleur qui n'est formée que d'une corolle et d'étamines peut être régulière ou irrégulière, mais elle n'a pas de plan de symétrie. Le Jasmin, dont la fleur a des parties régulières, le Jasmin n'a pas de plan de symétrie parce que, possédant quatre lobes à la corolle et au calice, il n'y a que deux étamines et deux loges à l'ovaire.

Les fleurs dans lesquelles les divisions d'un verticille se soudent peuvent laisser croire à l'absence de symétrie, mais on la retrouve toujours dans les parties non soudées ou libres ; la Salicaire en est un exemple ; et, si l'on examine avec soin son calice, qui est d'une seule pièce ou monosépale, et armé de douze dents, on verra que six de ces dents sont situées à l'intérieur et les six autres à l'extérieur.

En résumé, la régularité consiste dans la ressemblance entre elles de toutes les parties d'une fleur, dans leur situation à des distances toujours égales, et, bien qu'un pétale isolé puisse ne pas offrir deux moitiés semblables, la corolle peut néanmoins se présenter sous un ensemble régulier. La symétrie, au contraire, ne considère que l'ordre et la disposition de ces parties, sans avoir égard à leur forme. Les pétales qui sont en alternance avec les sépales forment un plan symétrique. Enfin, il y a symétrie parfaite lorsque les étamines, étant en opposition avec les parties du calice, elles viennent alterner avec les pétales, et que les loges de l'ovaire sont situées entre les étamines.

C'est la loi de l'alternance.

Fécondation.

Nous touchons au moment le plus intéressant, le plus important et le plus sérieux de l'histoire des plantes.

Il ne suffit pas d'en indiquer les organes, il faut les faire
agir ; il en faut comprendre le jeu. Les phénomènes vraiment admirables qui en découlent méritent toute notre
attention.

Dans un langage poétique et imagé, l'immortel Linné
dit :

« Dans le réceptacle est préparé le lit nuptial ; la corolle
» en forme la draperie ; l'anthère dorée, telle qu'un jeune
» époux, brille au sommet de sa colonne d'albâtre : elle
» attend que le pistil élève son stigmate humide. Il paraît,
» et tout à coup l'anthère ouvre ses valves ; le souffle de la
» vie s'en échappe sous la forme d'un léger nuage ; l'air est
» chargé des principes de la fécondité ; ils se déposent sur le
» stigmate, le pénètrent, descendent jusque dans l'ovaire et
» se distribuent dans chacun des germes et des ovules. »

En effet, ces ovules sont inertes, et ils resteraient éter-
nellement inertes, malgré toute la force végétative, si la nature ne venait les imprégner, les envelopper de ce souffle
de vie, source mystérieuse de la fécondation.

C'est donc sous cette vivifiante influence que les sexes
agissent. C'est l'instant où les anthères, ces réservoirs du
pollen, ouvrant leurs valves, lui permettent d'en couvrir
abondamment le stigmate. C'est alors une nouvelle phase
qui commence et ne s'achèvera désormais qu'à la maturité
des fruits.

Quel spectacle grandiose ! Quelle harmonie dans le sein
de la nature et qu'elle est admirable dans toutes ses productions ! Je ne dirai pas qu'elle est plus belle en ce qui
concerne les végétaux ; je ne vanterai pas la délicate corolle
aux teintes séduisantes, aux formes gracieuses, aux dépens
de la modeste racine ou de l'humble feuille, non ! je dirai
qu'elle est belle partout, je dirai qu'on doit l'admirer aussi
bien dans la rudesse de ses feuilles que dans le velouté de
ses fruits, et que l'épine ou l'aiguillon, malgré les cruelles
blessures qu'ils nous font souvent, sont aussi intéressants au

point de vue de leur composition et de leurs fonctions que les différentes parties de la corolle.

On peut définir ainsi la fécondation : un phénomène en vertu duquel la poussière séminale, pénétrant par le stigmate jusqu'au fond de l'ovaire, vient féconder les ovules et donner naissance aux embryons ; enfin, les ovules fécondés se convertissent en graines, et les ovaires en fruits.

Pour bien comprendre les phénomènes de la fécondation, il faut nécessairement établir trois périodes, qui sont :

La première avant la fécondation ;

La seconde pendant la fécondation ;

La troisième après la fécondation.

Avant l'accomplissement de l'acte de la génération, lorsque la fleur est sur le point d'ouvrir sa corolle, les étamines, jusqu'alors incomplètes, marchent rapidement à leur perfection ; les verticilles floraux, organes protecteurs de la fleur proprement dite, ralentissent leurs fonctions protectrices, et laissent aux organes reproducteurs la liberté nécessaire à cet acte de la fécondation.

Bientôt les anthères ouvrent leurs valves, le pollen s'échappe et vient en abondance couvrir la surface du stigmate.

Pendant la fécondation.

A peine la poussière pollinique a-t-elle touché le stigmate, que celui-ci, tout imprégné d'abord d'une liqueur épaisse et visqueuse, retient cette poussière et en détermine le gonflement et la rupture. Alors, les tubes ou boyaux polliniques se forment, pénètrent à travers la surface du stigmate jusqu'au centre du tissu conducteur du style, puis arrivent dans l'ovaire où ils se mettent en communication avec les ovules.

Après la fécondation.

Après la fécondation, tout change d'aspect ; les fleurs si belles, si séduisantes par leur éclat et la variété de leurs

teintes commencent à se flétrir; mais une nouvelle décora-
tion se prépare. Si nous n'avons plus les splendeurs du coloris
des pétales, nous voyons, sans en être attristés, succéder à
cette période printanière une autre période non moins intéressante et non moins agréable, celle des fruits.

En effet, dès que le phénomène si curieux de la fécondation s'est effectué, par l'imprégnation des ovules, ces
ovules grossissent, se développent, se transforment en
graines, et l'ovaire, plein d'une vie nouvelle, avance à
grands pas vers le but assigné par la nature, la maturité des
fruits.

Mouvements des organes sexuels ; — protection des organes reproducteurs.

Il est un fait reconnu depuis longtemps, c'est le mouvement des anthères au moment de la fécondation.

Si les organes mâles sont susceptibles de se mouvoir et
de rechercher, pour ainsi dire, les organes femelles, ceux-ci
participent aussi à ce mouvement, quoique d'une manière
moins sensible.

Il ne sera pas sans intérêt d'en fournir quelques exemples.
Ainsi, dans le *Lilium superbum,* les anthères, avant leur
déhiscence, sont parallèles au style ; à l'instant de la fécondation, elles s'animent, s'approchent tour à tour du stigmate
et viennent y déposer leur pollen.

Dans la Fritillaire, les étamines, avant la fécondation,
sont éloignées du style ; mais, dès que l'épanouissement
s'opère, elles s'approchent, appliquent leurs anthères contre
le stigmate et vont occuper de nouveau la place qu'elles
avaient d'abord.

Dans l'Impériale, il se passe un phénomène fort curieux ;
les étamines sont notablement plus courtes que le style.

La fécondation, dans les conditions ordinaires, c'est-à-
dire quand les fleurs sont droites, serait impossible ou tout

au moins difficile ; mais la nature a paré à cet inconvénient en les renversant. On comprend très-bien que, dans cette situation, le pollen abandonnant les anthères se répande aisément sur le stigmate.

Dans la Rue odorante, *Ruta graveolens*, les étamines se redressent vers le stigmate pour y verser le pollen et, cette fonction remplie, reprennent leur position habituelle.

Dans l'Epine-vinette, *Berberis vulgaris*, les étamines, irritées par le contact d'un corps étranger, se pressent et se courbent vers le pistil.

Si les étamines sont égales au pistil, elles s'approchent du stigmate ; si au contraire elles sont placées au-dessous, c'est le style qui s'abaisse : c'est ainsi qu'on voit les stigmates et les styles des Cactus et de beaucoup d'autres plantes se pencher vers les étamines lors de la déhiscence des anthères.

Dans un grand nombre de Composées, on remarque que les deux lobes du stigmate se pressent l'un contre l'autre, quand un grain de pollen vient à les toucher.

La lumière peut aussi provoquer chez les végétaux des mouvements extraordinaires ; ainsi, dans le Sainfoin du Bengale, dont la feuille porte trois folioles, celle du milieu reste immobile sous les rayons lumineux, tandis que les deux latérales sont agitées différemment et se tordent sur elles-mêmes. Il en est qui sont sensibles à l'approche d'un nuage. Un grand nombre d'Oxalidées et de Légumineuses offrent aussi ce curieux phénomène que, jusqu'alors, la science ne peut expliquer, et qui restera longtemps encore sans doute obscure et difficile.

Il est des fleurs qui ferment leur corolle pendant la nuit ; dans ce cas, les organes de la reproduction sont suffisamment protégés. Cependant, pour un grand nombre, il en est autrement ; aussi, la nature leur a-t-elle donné d'autres moyens de protection.

Les fleurs de la Tulipe, par exemple, se renversent et

forment ainsi un sûr abri protecteur. Les Labiées et les Légumineuses ont les étamines et le pistil au centre d'un pétale concave; d'autres, enfin, ont un pétale en forme de capuchon, et dans les Iris, les étamines, appliquées sur les pétales, sont protégées par de larges stigmates.

Fécondation des Plantes aquatiques.

La fécondation, dans les plantes aquatiques, s'effectue dans des conditions différentes et fort curieuses. Cachées au fond des eaux, les fleurs, au moment où la nature s'éveille, paraissent à la surface, s'épanouissent, se fécondent, regagnent le sein de leur humide demeure, afin d'y mûrir leurs graines.

On en cite un exemple étonnant : La Vallisnérie porte ses organes sexuels sur deux pieds séparés; c'est une plante dioïque.

Les fleurs mâles sont portées sur des hampes fort courtes qui ne peuvent s'étendre. Lorsque le moment de la fécondation est arrivé, ces fleurs se détachent, viennent flotter à la surface où, par une sorte d'attraction, elles se dirigent vers les fleurs femelles dont la tige spiraliforme s'est déroulée. La fécondation s'opère; alors les anneaux de la spirale se resserrent, la fleur rentre dans son lit et va mûrir, pour la saison prochaine, ses ovules fécondés.

Le poète Castel, inspiré par la grandeur de ce phénomène, l'a chanté ainsi dans les vers suivants :

> Le Rhône impétueux, sous son onde écumante,
> Durant six mois entiers nous dérobe une plante
> Dont la tige s'allonge en la saison d'amour,
> Monte au-dessus des flots et brille aux yeux du jour.
> Les mâles, dans le fond, jusqu'alors immobiles,
> De leur liens trop courts brisent les nœuds débiles,
> Volent vers leur amante, et, libres dans leurs feux,
> Lui forment sur le fleuve un cortége nombreux :
> On dirait une fête où le dieu d'hyménée

> Promène sur les flots sa pompe fortunée ;
> Mais, les temps de Vénus une fois accomplis,
> La tige se retire en approchant ses plis
> Et va mûrir sous l'eau sa semence féconde.

D'après ce que nous venons de dire touchant la fécondation et l'émission du pollen, on doit comprendre combien les pluies trop abondantes doivent agir fatalement sur les récoltes. Évidemment, dans la plupart des cas, la pluie enlève la poussière séminale et s'oppose ainsi à la fécondation des ovaires qui restent nécessairement stériles.

Le même phénomène se produit lorsque les deux sexes sont séparés ; aussi, dans le Levant est-on dans l'habitude, depuis un temps immémorial, de cultiver le Dattier femelle, puis, à l'époque de la floraison, d'opérer la fécondation en secouant les fleurs mâles sur les fleurs femelles. C'est la fécondation artificielle.

On cite ce fait : deux Dattiers étaient éloignés l'un de l'autre de quinze à vingt lieues ; celui qui portait les fleurs femelles était à Otrante, celui qui portait les fleurs mâles était à Brindes, deux villes italiennes.

Ces deux arbres n'avaient jusqu'alors donné que des fleurs stériles, jamais de fruits. On favorisa la fécondation en secouant sur le Palmier femelle ou en attachant à la cime des régimes de Dattiers mâles ; le Dattier se couvrit alors d'excellents fruits.

Phénomènes chimiques apparaissant à l'époque de la floraison et de la fécondation.

Dans notre quatrième conférence, nous disions que les feuilles commencent à remplir, à l'approche de la nuit, leurs fonctions de nutrition et qu'elles rejettent pendant le jour, sous l'influence de la lumière, les gaz nuisibles à leur alimentation et à leur développement ; cela est vrai, mais, à l'époque de la floraison, il se passe d'autres phénomènes non moins curieux.

Jusqu'au moment de la floraison, la plante entière absorbe de l'eau, de l'air, de l'acide carbonique et les décompose.

Par suite de cette décomposition, il se produit du carbone, de l'hydrogène, de l'azote et enfin de l'oxygène.

Actuellement, c'est-à-dire au moment de la floraison, c'est une nouvelle combinaison qui s'opère et non une décomposition, car il se forme de l'acide carbonique et de la chaleur.

En vertu de quel phénomène a donc lieu cette transformation? On l'explique ainsi : Toutes les plantes, avant l'épanouissement de la fleur, et par le fait même de la nutrition, donnent naissance à une quantité plus ou moins considérable d'une substance à laquelle on a donné le nom de *dextrine*, à cause de sa propriété de dévier à droite le plan de polarisation de la lumière. Or, c'est en décomposant ce produit et en s'unissant à son carbone que l'oxygène se convertit en acide carbonique. Quant à la production de chaleur, elle n'a rien qui doive surprendre, puisque, dans presque toutes les combinaisons chimiques, ce phénomène a lieu.

Il serait donc permis d'établir une sorte de comparaison entre les animaux et les végétaux, puisque les premiers exhalent de l'acide carbonique par la respiration, ou mieux par l'expiration et une somme remarquable de chaleur.

On comprendra sans peine que, pour apprécier la somme de chaleur développée, il était nécessaire d'avoir recours à des instruments d'une grande précision et d'une grande sensibilité.

L'un de ces instruments est dû à **M. Becquerel**; c'est l'aiguille *thermo-électrique*.

Dans certaines plantes, ce développement de chaleur est tel, que la main peut l'indiquer : On a trouvé que, au moment de la floraison, le spadice du *Caladium pinnatifidum*, marque à l'aiguille 9° 5 dixièmes; que dans l'*Arum maculatum* la chaleur produite est, selon Dutrochet, de 12°;

que dans l'*Arum dracunculus* elle est, suivant Gœppert, de 14°. Enfin, Van-Beck et Bergsma l'ont vu s'élever à plus de 22° dans le spadice du *Colocasia odorata*.

Ces résultats sont vraiment extraordinaires, si l'on songe que ces degrés observés sont supérieurs ou pris au-dessus de la température de l'air ambiant.

Ce dégagement de chaleur a été remarqué, pour la première fois, par M. de Lamark ; plus tard, M. de Candole a observé qu'il se produisait avec plus ou moins d'intensité, suivant en cela, on pourrait le croire du moins, l'intensité de la chaleur.

C'est ainsi que le maximum de production se manifeste vers cinq heures de l'après-midi ; de sorte que, commencé à trois heures, il suit une marche ascendante, progressive, jusqu'à cinq et se termine vers sept heures.

Il paraît bien reconnu aujourd'hui que cette production de chaleur est due à la formation et au dégagement de l'acide carbonique dans toutes les fleurs, au moment de la fécondation qui, suivant M. Ad. Brongniart, est sensiblement accélérée.

On a remarqué aussi que, sous l'influence de ce double phénomène, les granules polliniques, dont nous avons fait l'histoire et expliqué la mobilité, sont animés, à cette époque, d'un mouvement giratoire beaucoup plus prononcé.

D'autres savants, parmi lesquels on compte MM. Raspail et Dunal, inclinent à croire qu'il y a similitude entre ces phénomènes et ceux qui se développent pendant la germination ; c'est-à-dire qu'il y aurait de la fécule, production de chaleur, formation d'acide carbonique et enfin, comme résultat, une certaine quantité de sucre.

10ᵉ Conférence.

Fruits.

Les fleurs, ainsi que nous avons pu le constater, n'ont qu'une existence éphémère.

Hier, elles étaient brillantes de coloris et de fraîcheur; elles parfumaient nos bois, nos jardins, nos champs. Aujourd'hui, pâles, décolorées, flétries, elles abandonnent leur tige et couvrent la terre des débris de leur splendeur passée.

Tout a changé d'aspect; mais l'homme trouvera bientôt, dans la succession des phénomènes de la végétation, des jouissances nombreuses, jouissances que la nature, sur le point de s'endormir, de se livrer au repos, veut encore prodiguer à ses enfants.

Il semble vraiment que plus le moment approche de ce sommeil triste et froid de l'hiver, plus elle paraît se hâter de donner aux fruits qui vont mûrir les qualités les plus exquises.

La fécondation, ce phénomène si étonnant, dont la plupart des phases resteront longtemps mystérieuses, la fécondation produit ces merveilles.

Les ovaires, animés par la liqueur fécondatrice, vont, à leur tour, prendre avec le temps un développement extraordinaire : formes, couleurs, saveurs, sont l'objet d'une modification profonde; en un mot, l'ovaire se transforme en fruit et les ovules se convertissent en graines.

En effet, les derniers rayons d'un soleil vivifiant, pénétrant jusqu'au fond des ovaires, les enveloppent dans une douce et tiède atmosphère, dilatent leurs parois qui, devenant plus perméables, leur permettent ainsi d'absorber l'humidité et les gaz nécessaires, soit à leur développement, soit à leur alimentation.

Un changement remarquable s'opère [alors; l'heure de la maturité s'avance; les fruits, âpres d'abord et d'une saveur désagréable, perdent cette âpreté qui se convertit en sucre; l'enveloppe même du fruit, imprégnée d'une substance astringente, insoluble dans l'eau, possédant une grande analogie avec la cire des abeilles, vient protéger, lors de la maturité, contre les pluies souvent abondantes de l'automne, la chair douce et sucrée du fruit.

Telle est la phase nouvelle dans laquelle nous allons entrer et qui sera le sujet de cette conférence.

Le Fruit.

Deux parties bien tranchées constituent le fruit. Ce sont : 1° l'enveloppe générale à laquelle les botanistes ont donné le nom de *péricarpe* (du grec *péri* autour, et *carpos*, fruit, pl. XVII, fig. 1) ;

2° Les graines, qui sont les ovules vivifiés par la fécondation et mûris (pl. XVII, fig. 2).

Le péricarpe, à son tour, peut être divisé en trois parties distinctes, l'une externe *a*, qui prend le nom d'*épicarpe*, ou peau du fruit (épi, sûr et *carpos* fruit), l'autre interne *b*, appelée *endocarpe* (*en* dans, *carpos* fruit), c'est-à-dire placée au centre du fruit et touchant directement la graine ; enfin, la troisième *c*, nommée *sarcocarpe* (*sarkos* chair et *carpos* fruit), qui forme la partie charnue et succulente du fruit ; tels sont le Melon, la Pomme, la Pêche, la Prune, etc., etc.

Le péricarpe, n'ayant pas dans tous les fruits la même consistance et le même développement, on a créé deux grandes divisions : LES FRUITS CHARNUS ET LES FRUITS SECS.

Fruits charnus.

Les fruits charnus ont ordinairement une chair abondante, succulente, comme le Melon, l'Abricot, la Pêche, etc.

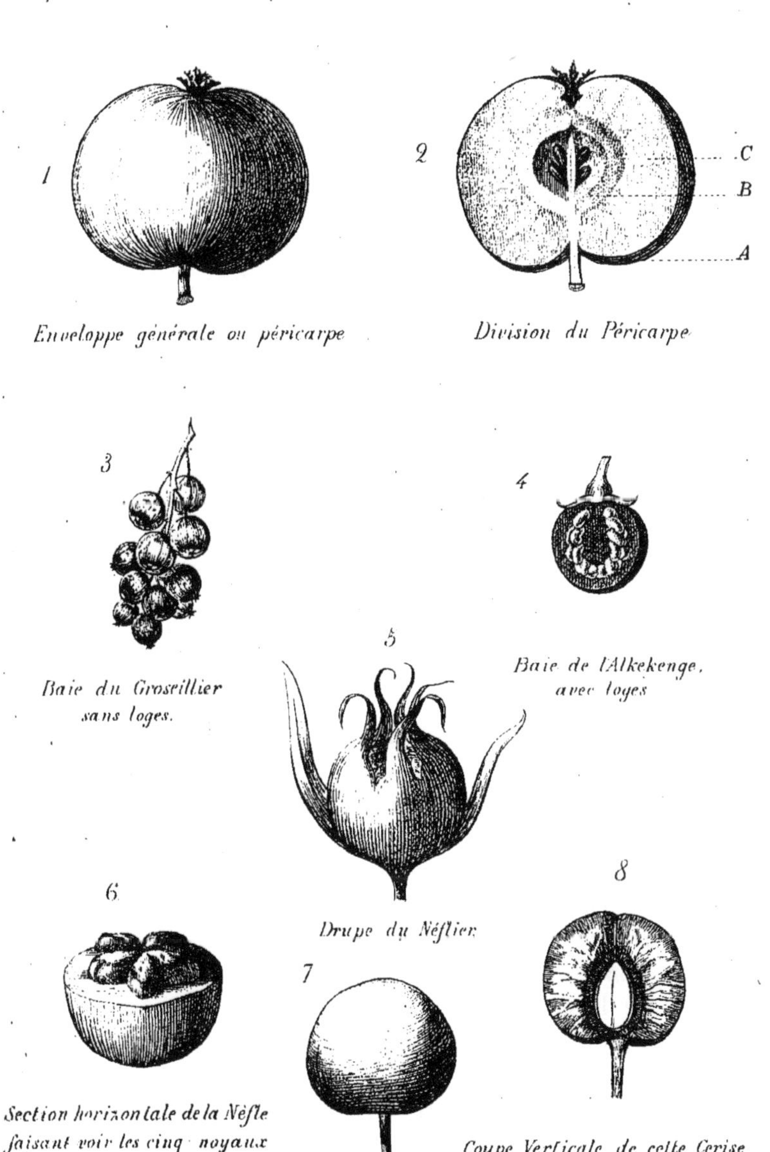

FRUITS CHARNUS BAIES & DRUPES

On en a formé deux classes, dont la première renferme les *baies*, la seconde les *drupes*.

Baies.

On donne le nom de baies à tous les fruits charnus qui possèdent des graines avec ou sans loges, c'est-à-dire que, sans loges, elles nagent au sein même de la pulpe, comme dans la Tomate, le Raisin, la Groseille (pl. XVII, fig. 3); ou bien elles possèdent des loges comme dans l'Alkekenge, la Belladone (pl. XVII, fig. 4).

Quand les baies, par leur réunion, donnent naissance à des grappes comme dans le Groseillier, ou à des corymbes comme dans le Sureau, chacune d'elles prend isolément le nom de *grain*.

Drupes (*drupa*, Olive mûre).

La *drupe* est un fruit possédant un ou plusieurs noyaux; son péricarpe est un assemblage de deux parties différentes, l'une pulpeuse ou de consistance ferme, qui est externe, l'autre, ayant la dureté du bois et qui est interne; c'est le *noyau*. Ex. l'Abricot, la Pêche, la Cerise.

Le fruit du Néflier est une drupe à cinq noyaux (pl. XVII, fig. 6), celui du Cornouiller et du Cerisier sont des drupes à un seul noyau (pl. XVII, fig. 7).

Il ne peut donc y avoir de confusion entre ces deux noms, *baies* et *drupes*, puisque le premier de ces fruits est entièrement charnu, développé de toutes parts, les semences nageant en plein dans la pulpe, tandis que, dans le second, on ne rencontre la partie charnue que dans la portion externe du péricarpe, la partie interne étant occupée par un ou plusieurs corps osseux, durs, résistants, qui portent le nom de *noyaux*.

Il est une remarque fort curieuse, en ce qui concerne les ovaires libres ou adhérents. Dans notre dernière conférence, je disais que l'ovaire libre ou supère n'avait d'adhérence avec le réceptacle que par sa base; cela est parfaitement exact, et le fruit développé nous viendra en aide pour prouver la vérité de cette assertion.

Prenons le Raisin ou la Cerise pour exemple, et remarquons ce qui est resté du style; presque rien, un point imperceptible, une légère cicatrice. Or, le Cerisier et la Vigne donnent des fleurs à ovaires supères ou libres.

Mais si nous examinons la Nèfle ou le fruit du Cornouiller, nous constatons, dans le premier de ces fruits, non-seulement la trace du calice, mais des parties de ce calice, et souvent, pour ne pas dire toujours, l'endroit où furent et la corolle et les étamines.

Il découle donc de là, puisque nous savons que l'ovaire adhérent ou infère est caractérisé par sa situation sous la fleur, et que, par cela même, il est enveloppé par la partie prolongée du réceptacle formant le tube du calice, il découle de là, dis-je, que nous avons sous les yeux un fruit fourni par un ovaire adhérent ou infère. On peut dire aussi que les baies et les drupes peuvent être fournies par un ovaire, soit uniloculaire, soit pluriloculaire ; car dans les fruits *simples*, c'est-à-dire dans ceux qui n'ont, à l'époque de la floraison, qu'un seul pistil, on ne rencontre qu'un péricarpe uniloculaire ; tandis que, dans d'autres fruits, on reconnaîtra facilement, d'après la multiplicité des loges, la multiplicité des pistils.

Le Cerisier, par exemple, donnera un ovaire à un seul pistil et à une seule loge; le Tabac, deux pistils et deux loges; la Tulipe, trois pistils et trois loges. On trouve enfin des ovaires ayant un grand nombre de pistils correspondant, en général, au même nombre de loges.

Lorsque nous avons fait l'histoire des placentas, nous disions que les graines étaient fixées sur ces corps épais et charnus, de formes différentes, suivant le système de placentation ; cela est vrai et devient aujourd'hui beaucoup plus sensible, puisque ces trophospermes se sont développés en même temps que le fruit, offrant aux regards observateurs un examen plus facile.

Ainsi, dans le fruit du Pavot (tête de Pavot), les trophospermes pariétaux affectent la forme de lames; ils se sont tellement développés que, fort souvent, on les confondrait avec les loges complètes. Dans la gousse du Pois, le trophosperme, qui est *sutural* et *dorsal*, est assez développé; dans l'ovaire des Violettes, les trophospermes sont pariétaux et très-saillants; dans l'ovaire des Primevères enfin, le trophosperme est central et très-remarquable.

En jetant un regard rétrospectif sur les placentas, nous avons eu pour but de démontrer, dans un fruit développé, les proportions bien sensibles, souvent considérables, que peuvent prendre les fausses cloisons quelquefois confondues avec les véritables.

Fruits secs.

Les fruits *secs* sont ceux dont le péricarpe est attaché aux graines; on leur avait donné, dans le principe, le nom de *graines nues*. Ainsi, le Blé, l'Orge, l'Avoine, sont des fruits secs.

On les a divisés en deux classes qui sont :

1° Les fruits secs *déhiscents*, c'est-à-dire ceux qui, parvenus à leur état de maturité complète, disséminent librement leurs graines;

2° Les fruits secs *indéhiscents,* ou ceux dont les loges restent toujours fermées, quel que soit leur état de maturité.

Les fruits déhiscents, dits aussi fruits *capsulaires*, opèrent cette déhiscence (ouverture des loges) de différentes façons. On admet, pour cette première classe, cinq modèles ou types bien tranchés, savoir :

1° Le Follicule (*folliculus*, diminutif de *folium*, feuille);

2° La Gousse (de l'italien *guscio,* gousse);

3° La Silique (du latin *siliqua,* cosse de fruit);

4° La Pyxide (du grec *pyxidion,* petite boîte);

5° La Capsule (du latin *capsula,* diminutif de *capsa,* boîte).

Le *Follicule* ne possède qu'une seule valve, dont la déhiscence s'opère longitudinalement; elle provient d'un fruit uniloculaire ou à une seule loge, et ressemble, lorsqu'on l'étale, à une espèce de feuille, pl. XVIII, fig. 1. (*Asclepias syriaca.*)

L'ovaire du follicule renferme toujours un placenta pariétal. Très-souvent, les semences de cette sorte de fruit sont imbriquées ou se recouvrent les unes les autres; on en rencontre dans les Renonculacées (l'Aconit), dans les Alismacées (Jonc fleuri), dans les Ellébores, etc., etc.

La gousse est le plus souvent uniloculaire; on y rencontre, bien rarement, une cloison longitudinale. Sa déhiscence s'opère par deux sutures qui divisent le fruit du haut en bas, comme dans la Gesse à larges feuilles (pl. XVIII, fig. 2). Chaque valve possède un rang de graines posées alternativement, c'est-à-dire que celles d'une valve viennent se loger entre les graines de l'autre valve; cette disposition est particulière à la famille des Légumineuses.

Quant à leurs formes, elles sont très-variées; il y en a de plates (le Haricot), de roulées (différentes Luzernes), de renflées, d'arquées, etc., etc.

La Silique, au contraire de la gousse, présente deux valves portant deux sutures longitudinales; la cloison qui les sépare est toujours dans le sens de ces valves et porte sur ses bords, qui sont les placentas ou trophospermes, un plus ou moins grand nombre de graines, comme la Giroflée, le Chou, etc. etc. (pl. XVIII, fig. 3).

Le nom de *silicule* a été donné à la silique courte, plus large que longue; elle ne porte ordinairement que deux ou trois graines. Exemple la Lunaire annuelle (pl. XVIII, fig. 4), la Bourse à pasteur (*Thlaspi bursa pastoris*).

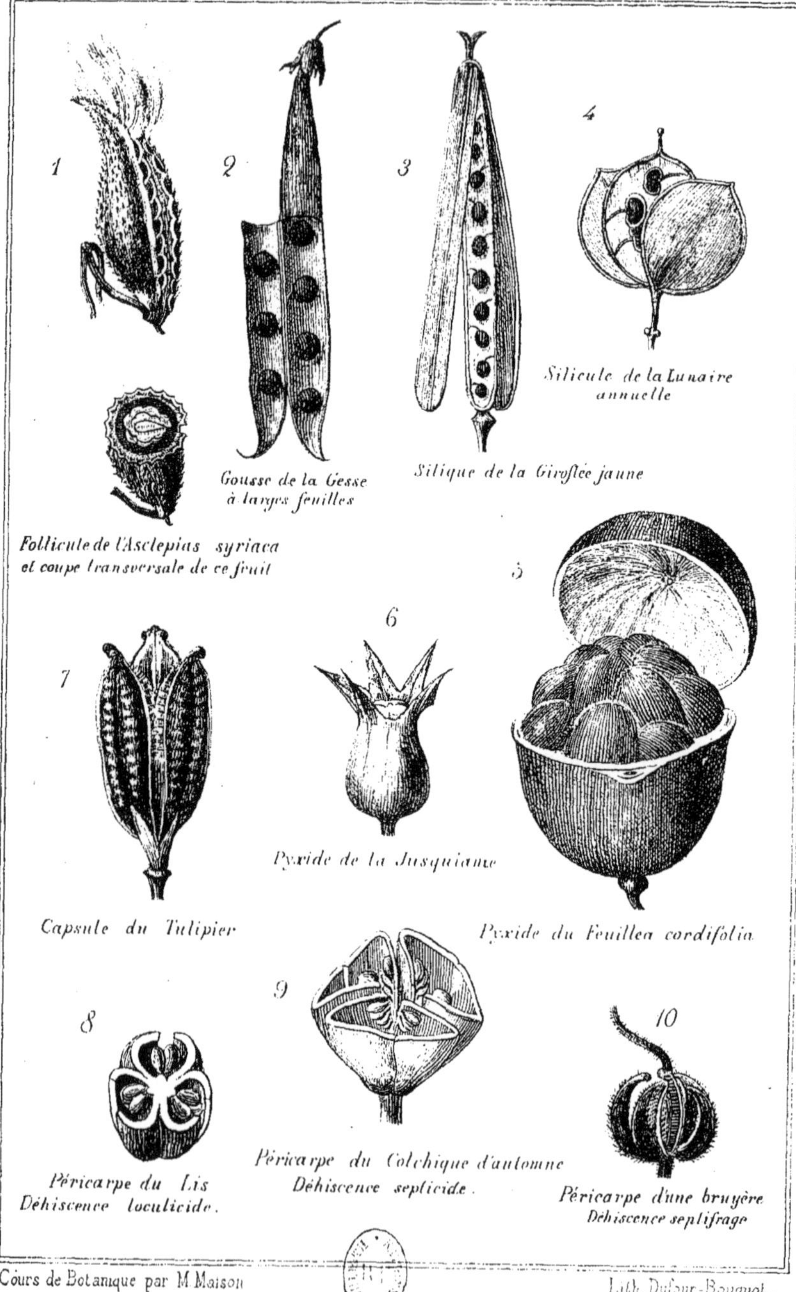

FRUITS SECS DÉHISCENTS.

La silique est le fruit des Crucifères ou de la plus grande partie des plantes de cette famille.

La *pyxide* est un fruit dont la déhiscence s'opère par une suture transversale et dont le mécanisme peut être comparé à celui d'une boîte à savonnette. Le fruit du *Feuillea cordifolia* (pl. XVIII, fig. 5) est une pyxide; ceux du Pourpier et du Mouron sont des pyxides; le fruit de la Jusquiame est une pyxide à deux loges (pl. XVIII, fig. 6).

La *capsule* est un fruit qui n'a pu prendre sa place parmi les types ci-dessus désignés; ainsi, le fruit de la Tulipe (pl. XVIII, fig. 7) porte les sutures sur le dos et laisse échapper, par de larges ouvertures, les graines arrivées à leur maturité. Les fruits du Pavot et de l'OEillet sont de véritables capsules.

On rencontre encore des capsules dans les Solanées, les Liliacées et les Campanulacées.

Considérées dans la façon dont elles s'ouvrent, les capsules prennent des noms différents; celles dont les graines s'échappent par des *pores* ou trous sont des capsules *poricides;* celles qui perdent leurs graines par des espèces de dents qui s'écartent au sommet de l'ovaire, se nomment *denticides*, et enfin, celles qui disséminent leurs graines par des valves entières, complètes, prennent le nom de *valvicides*.

Déhiscence loculicide.

Quand le fruit, comme l'ovaire de la Tulipe et celui du Lis, par exemple, portent sur leur face dorsale des divisions ou sutures longitudinales, c'est toujours par ces sutures qu'a lieu la déhiscence qui, dans ce cas, prend le nom de déhiscence *loculicide* (du latin *loculus* case, et *cœdere*, fendre); ainsi l'ovaire du Lis, coupé horizontalement, offre la déhiscence loculicide (pl. XVIII, fig. 8).

Toutes les plantes appartenant à la famille des Liliacées sont dans ce cas.

Déhiscence septicide.

Si la déhiscence s'opère par des sutures pariétales et qu'il y ait décollement des lames des cloisons, comme dans le Ricin, le Colchique (pl. XVIII, fig. 9) et dans certaines rubiacées, on comprendra facilement l'isolement de chaque loge qui, à l'époque de la maturité, se divise dans son angle interne pour opérer la dissémination des graines; c'est à cette sorte de déhiscence que les botanistes ont donné le nom de déhiscence *septicide* (du latin *septum*, cloison, et *cædere*, couper) ou séparation des loges.

Déhiscence septifrage.

Lorsqu'il n'y a pas décollement des cloisons, qu'elles restent entières, unies au péricarpe; que les valves s'ouvrent seulement par des sutures pariétales et tombent, laissant nues les graines et leurs cloisons on dit que la déhiscence est *septifrage* (du latin *septum* cloison, et *frangere* rompre), c'est-à-dire rupture des cloisons. Le fruit des Bruyères (pl. XVIII, fig. 10); la Pomme épineuse (Datura stramonium), en est encore un exemple bien tranché.

Fruits secs indéhiscents.

Les fruits secs indéhiscents sont ceux qui ne s'ouvrent jamais spontanément; ils demeurent toujours fermés et sont ordinairement monospermes, c'est-à-dire qu'ils ne possèdent qu'une seule graine. Tantôt cette graine tient au péricarpe par un point peu sensible, tantôt elle y est attachée, soudée d'une façon intime.

On reconnaît trois espèces de fruits secs indéhiscents, qui sont :

1° L'*Akène;*
2° La *Caryopse;*
3° La *Samare.*

1

Akènes de la Ciguë.

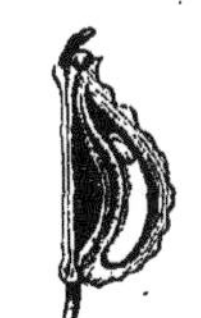

2

Akène isolé, à une seule graine

3

Caryopse du Blé

4

Caryopse divisée verticalement
laissant voir le pericarpe adhérent
avec la graine.

5

Samare de l'Orme

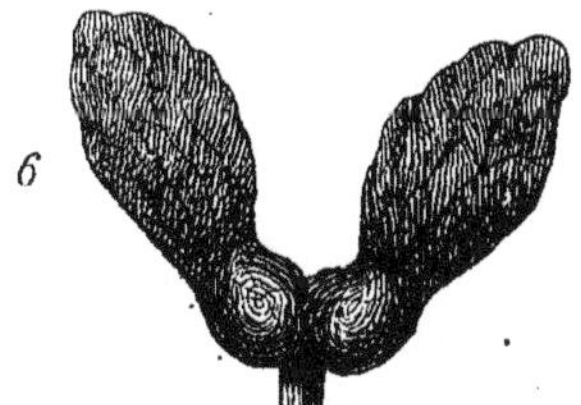

6

Samare de l'Erable.

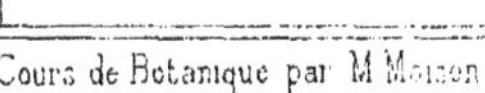

Cours de Botanique par M Moizen   Lith. Dufour-Bouquot.

FRUITS SECS INDÉHISCENTS

L'Akène est un fruit indéhiscent, qui ne renferme ordinairement qu'une seule graine; cette graine ne touche au péricarpe que par un point, ainsi qu'on le remarque dans la Ciguë des jardins (pl. XIX, fig. 1), dans le fruit du Grand-soleil, les Renoncules, le Sarrasin et dans tous les fruits de la famille des Composées.

L'Akène, isolé du groupe, est toujours à une seule graine, ainsi qu'on le voit dans la fig. 2, où le péricarpe est distinct de la graine.

L'Akène peut être aussi le produit d'un ovaire libre ou supère, ou d'un ovaire adhérent ou infère; dans ce dernier cas, il porte à son sommet comme une espèce d'anneau ou de couronne, trace bien évidente du limbe du calice.

L'expression Akène est tirée du grec *a,* qui indique une négation, et *kaino,* qui signifie ouvrir, c'est-à-dire *qui ne s'ouvre pas.*

La Caryopse est encore un fruit sec indéhiscent ne contenant qu'une seule graine (pl. XIX, fig. 3); son péricarpe, extrêmement mince, est tellement uni à la graine, qu'il devient impossible de ne pas les confondre (pl. XIX, fig. 4). Sous ce rapport, la Caryopse est donc franchement distinguée de l'Akène. Mais, lorsque ces graines ont été mises en contact pendant quelques instants avec de l'eau, la matière gommeuse qui accompagne toujours les membranes des fruits secs, se ramollit, se gonfle et le péricarpe se détache facilement.

Dans le Blé, par exemple, c'est cette membrane qui fournit ce que l'on appelle *son.*

Le Blé, l'Orge, l'Avoine et presque tous les fruits de la famille des Graminées sont des caryopses.

Etymologie du mot : *Carè* signifie tête et *Opsis* aspect, c'est-à-dire qui ressemble à une tête.

C'est sans doute à cause de la forme ovoïde et souvent sphérique du fruit que le nom de Caryopse lui a été donné.

La *Samare* (*Samara,* semence d'Orme) est aussi un fruit

sec indéhiscent, une sorte d'Akène à une seule loge, mais renfermant une, deux ou plusieurs graines. Ce fruit est caractérisé par la présence de deux *ailes* membraneuses, très-minces, qui ne sont que le péricarpe ayant pris un développement excessif.

Dans l'Orme, elle enveloppe complètement le fruit (pl. XIX, fig. 5).

Dans l'Erable, le fruit est également une Samare (pl. XIX, fig. 6).

Fruits composés.

On donne le nom de fruit *composé* à celui qui est le produit de plusieurs pistils réunis, mais venant de fleurs distinctes. Les exemples sont nombreux : ainsi les Mûres, les Figues, les Châtaignes, sont des fruits composés.

Si nous examinons le fruit du Mûrier, par exemple, nous voyons que chaque fleur, portée par un réceptacle commun, donne naissance à un Akène dont le calice devient succulent et charnu (pl. XX, fig. 1).

Dans le Châtaignier, l'enveloppe épineuse qui renferme souvent deux, parfois trois et quatre fruits, montre dans son ensemble un fruit composé, parce que chaque fruit ou chaque châtaigne est le produit d'autant de fleurs distinctes (pl. XX, fig. 2).

Si l'on se rappelle ce que nous avons dit de l'inflorescence, page 48, on comprendra que plus les fleurs sont pressées les unes contre les autres, plus elles donneront de fruits pressés et serrés sur le support commun.

Nous verrons encore que, dans le Figuier, le réceptacle commun subit une sorte de dépression intérieure, devient tellement *concave* que les fleurs nombreuses qui le garnissent intérieurement forment une foule de petits akènes qui, enveloppés par ce réceptacle passant à l'état charnu, forment encore un fruit composé (pl. XX, fig. 3).

Le Hêtre, les Pins, donnent aussi des fruits composés,

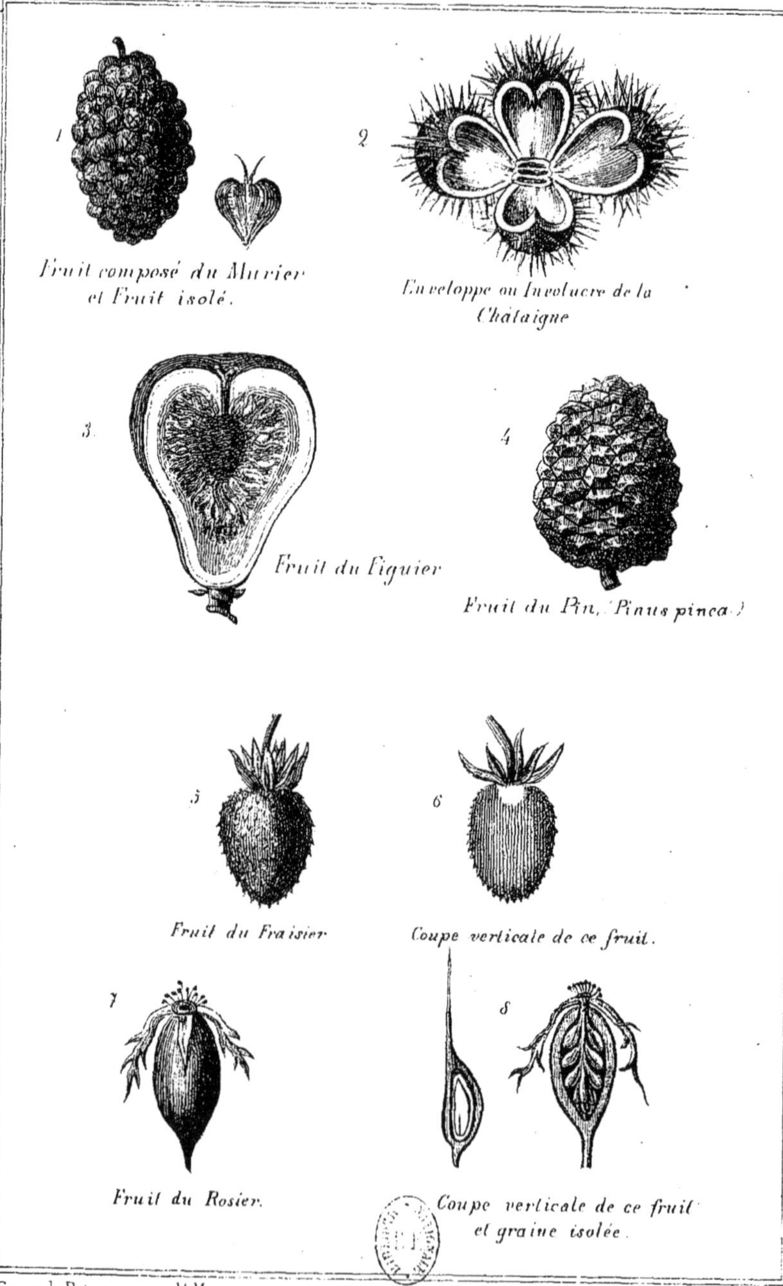

FRUITS COMPOSÉS, FRUITS MULTIPLES

parce qu'ils sont produits par des fleurs nombreuses et distinctes sur un support commun (pl. XX, fig. 4).

Fruits multiples.

Au premier aspect, il semble facile de confondre les fruits composés avec les fruits *multiples,* mais un examen sérieux suffit bientôt à dissiper l'erreur.

Si les fruits composés sont le produit d'un grand nombre de fleurs sur un réceptacle commun, il n'en est plus de même ici, car, dans les fruits multiples, il n'existe qu'une seule fleur, tandis que le nombre des ovaires est considérable.

Si nous prenons la fleur du Fraisier pour étude, nous reconnaîtrons facilement l'existence de nombreux pistils placés sur un support ou réceptacle épais et charnu. Or, chaque pistil correspond à un ovaire qui se transforme en akène. — Il y a donc autant d'akènes que de pistils, ce qui a fait donner à ce fruit le nom de *fruit sec indéhiscent sur un réceptacle charnu* (pl. XX, fig. 5 et 6).

Le même phénomène se produit pour le Rosier, dont la fleur porte un grand nombre de pistils; là aussi, chacun de ces pistils correspond à un ovaire. Comme dans l'exemple précédent, le réceptacle se transforme en un corps charnu, dont la présence a fait dire que le Rosier porte des fruits considérés comme des akènes réunis dans un réceptacle charnu (pl. XX, fig. 7 et 8).

Fruits induviés (du latin *induvium,* vêtement).

On dit que le fruit est *induvié* lorsque tout l'organe floral persiste et finit par recouvrir le fruit, soit en totalité, soit en partie. Ainsi, le fruit du Chêne est induvié, parce que la série d'écailles dont il est enveloppé se sont soudées et durcies; ces écailles soudées forment une espèce de coupe à laquelle on a donné le nom d'*induvie.* — La Noisette est un fruit induvié.

Classification des Fruits, par Richard.

M. Richard, célèbre botaniste, a établi une classification très-ingénieuse, mais beaucoup plus difficile.

Ce savant a divisé les fruits en quatre classes :

1° Les fruits *Apocarpés*, ou fruits simples ;

2° Les fruits *Polycarpés*, ou fruits multiples ;

3° Les fruits *Syncarpés*, ou fruits soudés ;

4° Les fruits *Synanthocarpés*, ou fruits composés.

1re Classe. — Fruits apocarpés ou simples.

Les fruits *apocarpés* sont ceux qui ne sont formés que par un seul pistil, un seul *carpelle* ne possédant qu'une seule loge, dont les ovules ou graines n'ont qu'un seul placenta, sans avoir égard au plus ou moins grand nombre de styles et de stigmates.

Ils renferment des fruits secs *indéhiscents*, des fruits secs *déhiscents* et des fruits *charnus*.

Fruits secs indéhiscents.

1° La *Caryopse*, qui comprend l'Orge, le Blé, le Riz et toutes les Graminées ;

2° L'*Akène*, qui comprend les Renoncules, les Pigamons, le Sarrasin, les Composées, etc.;

3° La *Samare*, l'Orme et les Erables.

Fruits apocarpés secs déhiscents.

On place dans cette division :

1° Le *Follicule* (Pied-d'alouette, des Renonculacées) ;

2° La *Gousse* (la Fève, le Pois et toutes les Légumineuses) ;

3° Le *Pyxide* (le Mouron rouge, les Amarantes, la Jusquiame).

Fruits Apocarpés charnus.

1° La *Drupe* (la Cerise, la Prune, la Pêche, l'Abricot) ;

2° La *Noix* (l'Amandier, le Cocotier).

2ᵉ Classe. — Fruits polycarpés ou multiples
(du grec *polus* beaucoup, et *carpos* fruit).

La deuxième classe renferme les fruits *polycarpés* ou *multiples*, c'est-à-dire ceux qui sont fournis par des pistils distincts et en plus ou moins grand nombre, dans une seule fleur, ainsi qu'on le remarque dans la Fraise, la Framboise, etc., etc.

3ᵉ Classe. — Fruits syncarpés ou soudés
(*sun* avec, et *carpos* fruit).

La troisième classe comprend les fruits *soudés* ou *syncarpés*, c'est-à-dire provenant de plusieurs pistils réunis ou soudés, donnant, en vertu de cette soudure, un péricarpe uniloculaire. On distingue, dans cette classe, les fruits *syncarpés* secs *indéhiscents*, les fruits *syncarpés* secs *déhiscents* et les fruits *syncarpés charnus*.

Les fruits indéhiscents de cette classe sont :

1° Le *Polakène* (*Polus* beaucoup, *a* négatif, *kaino* s'ouvrir) qui comprend les Aspérules, la Capucine etc.;

2° La *Samaridie* (les Erables, les Frênes);

3° Le *Gland* (le Chêne);

4° Le *Carcérule* (le Tilleul, le Grenadier).

Fruits syncarpés déhiscents.

Les fruits syncarpés déhiscents renferment :

1° La *Silique* (le Chou, la Giroflée, etc.);

2° La *Silicule* (la Thlaspi, les Isatis, les Lepidium);

3° La *Pyxide* (le Jusquiame, les Pourpiers, etc.);

4° L'*Elatérie* (les Euphorbiacées);

5° La *Capsule* (les Solanées, les Liliacées).

Fruits syncarpés charnus.

Les fruits syncarpés charnus sont :

1° Le *Nuculaine* (Sureau, Lierre, Nerprun, etc.);

2° L'*Amphisarque* (le Calebassier, etc.);

3° La *Péponide* (le Melon, le Concombre, etc.);

4° La *Mélonide* (la Poire, la Pomme, la Nèfle);
5° L'*Hespéridie* (l'Orange, le Citron, etc.);
6° La *Baie* (le Sureau, le Raisin, la Groseille).

4ᵉ Classe. — Fruits synanthocarpés ou composés
(*Syn* avec, *anthos* fleur, et *carpos* fruit).

Les fruits *synanthocarpés* ou *composés* sont ceux dont la formation est due à des fleurs toujours distinctes, donnant, par leur réunion, l'aspect d'un seul fruit.

Cette classe comprend :

1° Le *Cône* ou *Strobile* (Pins, Sapins, Bouleau, etc.);
2° La *Sorose* (le Mûrier, l'Ananas);
3° Le *Sycône* (le Figuier).

Il y a loin, on le voit, de la classification des fruits établie par Linné, qui ne reconnaissait que huit sortes de fruits, et celle de Richard qui en renferme vingt-six.

Il a donc été nécessaire, indispensable, de former dans cette classification des groupes de fruits dont l'organisation indentique permît de les comprendre, de les renfermer dans la même division.

C'est ainsi que, sous la dénomination de drupe, on a rangé dans le même ordre l'Abricot, la Prune, la Pêche, etc., parce qu'ils sont des fruits simples ou apocarpés charnus, qu'ils ne sont dus qu'à un seul pistil possédant une seule loge et un seul placenta; en un mot, qu'ils présentent la même organisation générale. C'est ainsi qu'on a rangé dans la même classe les fruits des Pins, des Sapins, du Bouleau, du Mûrier, de l'Ananas, du Figuier, etc., parce qu'ils sont tous le produit de fleurs distinctes ayant l'apparence d'un seul fruit, présentant au fond la même organisation.

Sous ce rapport, la classification de Richard est vraiment fort intéressante, et, si l'on peut y apporter quelque objection, ce n'est assurément qu'en raison de l'emploi des expressions, par trop scientifiques, dont elle est partout émaillée.

Maturation des Fruits et des Graines.

La *maturation* des fruits est la période durant laquelle l'ovule, dès sa fécondation, subit les différentes phases qui le conduisent à l'état de fruit mûr; la *maturité* est donc le résultat du phénomène précédent; c'est-à-dire que, dans cet état, le péricarpe et la graine ont acquis leur développement complet et pourront servir, soit à l'alimentation, soit à la reproduction d'êtres exactement semblables à ceux qui les ont produits, lorsqu'ils seront placés dans des conditions favorables.

On a constaté depuis longtemps que la durée de la maturation n'est pas la même pour toutes les graines; ainsi, tandis que le *Panicum viride* demandera treize jours pour fleurir et mûrir, la plupart des Graminées exigeront de seize à trente jours. Le Framboisier, le Fraisier, le Cerisier, les Pavots, les Euphorbes entrant dans la période décroissante de la floraison, ne sont convertis en fruits mûrs qu'après une maturation de soixante jours; il faut trois mois au Tilleul, au Réséda; il en faut quatre pour le Marronnier et l'Aubépine; sept pour l'Olivier; le Gui, le Colchique exigent de huit à neuf mois; les Pins dix à onze mois; enfin, il est des végétaux, le Cèdre, le Chêne d'Amérique, par exemple, qui emploient deux années pour mûrir leurs graines.

Il en est de même pour la maturation des fruits charnus, en général, et l'époque de la maturité est différente pour chacun d'eux.

Mais, il est un point extrêmement curieux qui concerne surtout les fruits sucrés et charnus et qui sera de nature à intéresser quelques personnes.

De la pellicule des fruits sucrés et de son action sur l'économie.

Frappé depuis longtemps de l'action que peut avoir sur l'économie la chair des fruits succulents et sucrés; frappé de la saveur astringente que possède ordinairement la pellicule de ces fruits, j'ai voulu rechercher quelle était la nature de ces principes, et en vertu de quelle loi ces corps, de propriétés si différentes, existent dans le même fruit.

Généralement, la pulpe des fruits sucrés est molle, douce, agréable, et possède une action singulière, celle de relâcher les organes; tandis que la pellicule de ces mêmes fruits, toujours astringente, souvent âpre, agit en sens inverse, en resserrant les tissus.

Il m'a semblé curieux, instructif, d'établir la relation qui peut exister entre ces deux principes.

Un fait constaté bien des fois, non seulement par moi, mais par un assez grand nombre de personnes, est celui-ci :

On mange un raisin bien mûr et l'on jette comme inutile la pellicule et les grains. Un certain laps de temps, qui peut être évalué à une, deux ou trois heures, basé du reste sur le plus ou moins de sensibilité de l'estomac, s'écoule après l'ingestion, puis il se produit un relâchement complet ou partiel.

Le lendemain, la même personne mange un autre raisin, ayant soin, cette fois, de broyer et de réduire en une pulpe complète la pellicule du fruit. — Dès lors, plus d'action laxative quel que soit le temps écoulé, ou si elle se manifeste encore, elle est insignifiante.

Que conclure de ces résultats?

La conclusion me paraît simple, et je reste convaincu (je ne parle aujourd'hui que des fruits à chair molle et sucrée), je suis convaincu, dis-je, qu'il y a relation ou combinaison d'action entre ces deux principes, ou, en d'autres termes, que l'un est le correctif de l'autre, et que le principe âpre ou astringent de l'enveloppe annihile l'action débilitante de la pulpe isolée.

Si j'ai recours à l'analyse, j'acquiers la preuve de ce que j'avance, car je trouve dans la composition de cette pellicule la matière âpre, insoluble et astringente dont j'ai parlé, et qui offre une analogie remarquable avec la cire des abeilles.

Si mon raisonnement s'élève davantage ; si je veux interroger la nature, le bon sens me démontre que le but qu'elle s'est proposé avant tout, en gorgeant pour ainsi dire la peau de ces fruits de substances insolubles dans l'eau, était de protéger, de conserver sans altération aucune, sous cette espèce de vernis, les sucs parfumés et délicats du fruit, contre l'humidité des nuits ou contre les pluies souvent abondantes de l'automne.

Si, enfin, je consulte les travaux des hommes ; si je compulse les ouvrages de médecine et de pharmacie, j'y trouve un point de comparaison solide qui vient encore corroborer mon opinion.

En effet, dans certaines affections intestinales, qui ont pour résultat un affaiblissement considérable et un relâchement inquiétant, la cire des abeilles est employée sous diverses formes pour arrêter des désordres qui conduiraient infailliblement le malheureux patient vers un dénouement fatal.

Il y a cela de remarquable et de véritablement admirable dans les produits de la nature, en ce qui concerne les fruits sucrés, que la proportion de ces principes dont j'ai parlé, c'est-à-dire de la cire ou d'un produit similaire, qu'il est en quantité variable, suivant en cela la variation des saisons.

Ainsi, le printemps et l'été sont-ils beaux, secs, brûlants, la proportion de ces principes insolubles augmente ; mais le printemps et l'été sont-ils pluvieux, froids, humides, la proportion diminue.

Et cela se conçoit, car, avec la chaleur, la partie sucrée se développe ; plus la somme de chaleur sera considérable, plus le principe sucré sera abondant.

Or, l'effet inverse se produit dans les mauvaises saisons, car le froid et l'eau, contraires au développement du fruit, s'opposent à la transformation de la sève en sucre, et par suite à la création de ce produit protecteur que je compare à la cire.

Examinons maintenant quelques fruits, et comparons aussi la quantité de matière insoluble fournie par les mêmes fruits dans ces deux dernières années, dont la température a été si différente.

L'expérience repose sur dix fruits différents :

			1875	—	1876
1°	6 Prunes Reine-Claude ont fourni un produit analogue à la cire, et dont le poids est pour chaque année de............		0^g210	—	0^g250
2°	1 Pomme de moisson, d'été.		0,196	—	0,248
3°	1 » Blanche de lait —		0,000	—	0,245
4°	1 » Saint-Germain —		0,170	—	0,189
5°	10 Cerises aigres		0,105	—	0,180
6°	1 Poire Duchesse (220 gr.)...		0,302	—	0,398
7°	3 Pêches de vigne		0,278	—	0,301
8°	1 Chasselas (100 gr.)........		0,142	—	0,165
9°	1 Raisin noir (100 gr.).......		0,174	—	0,197
10°	3 Prunes Quetsche..........		0,201	—	0,260

En additionnant ces sommes, je trouve que l'avantage en qualité est, en faveur de l'année 1876, dans la proportion de 25 % environ.

Mais, objectera-t-on judicieusement, s'il faut manger, broyer la peau des fruits sucrés pour en combattre l'effet débilitant, comment sera-t-il possible de manger une tranche de melon avec sa côte ?

A cela, je répondrai qu'il est des exceptions à toutes les règles, et qu'il en est une, certainement, en faveur de quelques fruits, parmi lesquels je range le melon, et peut-être l'orange, bien que les raisons que j'exposerai plus bas pourraient bien les soustraire à l'exception.

En effet, le simple bon sens, la précaution la plus élémentaire, n'ont-ils pas conseillé, de temps immémorial, de combattre le principe laxatif du melon, en saupoudrant sa chair, quoique sucrée, avec force sel et force poivre, substances excitantes et toniques au suprême degré?

Quant à l'orange, son épicarpe ou sa peau jouit d'une double action qui réside dans la partie odorante formant le *zeste* et dans la membrane blanche intermédiaire au zeste et aux tranches.

Tout le monde sait que l'enveloppe ou la peau de l'orange est gorgée d'un principe huileux *essentiel*, et qu'il suffit pour l'en chasser de presser légèrement cette peau entre les doigts.

Eh bien! la prévoyante nature, qui n'a jamais abandonné la création au hasard, a voulu que l'orange, ce fruit si délicat, acide et sucré à la fois, qui a pris naissance dans les contrées les plus chaudes de l'Asie orientale ou dans le jardin des *Hespérides* du poète, portât un principe différent de celui qu'elle avait placé dans les fruits des contrées tempérées. Dans ces pays brûlants, où la chaleur énerve, les fruits sont ou très-sucrés ou très-acides et portent en eux, comme la plupart de nos fruits, leur précieux correctif, c'est-à-dire la peau avec son huile *essentielle* incontestablement efficace, et sa légère et salutaire amertume.

J'ai lu quelque part que, dans notre conquête africaine, des Européens imprudents, charmés par la nouveauté du spectacle imposant qu'ils avaient sous les yeux, et par la luxuriante production des végétaux de toutes sortes, s'étaient plu à manger, sans réserve, les fruits de la contrée. — Aussi, les victimes furent-elles nombreuses.

A cet égard ma conviction est inébranlable, et si ces malheureux, plus gourmands, eussent en même temps *dévoré* la peau comme ils avaient dévoré la chair de ces oranges, un grand nombre eût assurément conservé la vie.

Le but que je me suis proposé en faisant ces charmantes expériences, est de prouver que, généralement, on ne sait pas manger les fruits, et qu'on en rejette certainement la partie la plus utile et souvent la plus savoureuse.

Je sais d'avance qu'on ne tiendra aucun compte de ces observations ; la routine, cette vieille entêtée qui nous enlace de toutes parts, ne veut pas céder ses droits, et rien n'est plus difficile à détruire que ces habitudes séculaires, sans raison d'être et qui, chez ceux qui les possèdent, n'ont jamais été ni raisonnées, ni combattues.

Destruction des Fruits sucrés et Phénomènes qui l'accompagnent.

Lorsque les fruits sucrés ont atteint l'époque de la maturité et que, suivant les espèces, ils résistent ou se conservent plus ou moins longtemps, il se produit au moment de leur destruction une série de phénomènes fort curieux.

Si nous admettons que la pellicule des fruits sucrés renferme un principe analogue à la cire ; que ce principe, insoluble dans l'eau, mais soluble dans l'alcool, sert d'enveloppe protectrice à la substance succulente, nous admettrons aussi que, lorsque ces fruits ont atteint les dernières limites de leur existence, ils entrent dans une phase nouvelle qui donne naissance à des produits nouveaux.

Tout le monde sait que, pour obtenir de l'alcool avec les fruits sucrés, il suffit d'abandonner à la fermentation la pulpe qui résulte de leur écrasement, et de la soumettre à la distillation. C'est la fermentation *alcoolique*. Tout le monde sait aussi que, lorsque cette fermentation est complète, c'est-à-dire que la matière sucrée est entièrement transformée en alcool, si l'on ne se hâte d'en extraire ce produit alcoolique, le mélange ne tarde pas à subir la fermentation *acétique ;* il se convertit en vinaigre.

Mais, si l'on abandonne encore à elle-même cette masse en fermentation, elle entrera dans la troisième et dernière phase de ce phénomène en passant par la fermentation *putride*.

Examinons un fruit dans ces conditions d'avancement et suivons-le dans les différents degrés de cette transformation.

Prenons pour exemple une poire ou une **pomme.**

Le premier phénomène apparent de la décomposition du fruit, se manifeste par la formation de taches plus au moins larges à la surface de l'épicarpe ou pellicule; ces taches s'élargissent et, de dures qu'elles étaient d'abord, deviennent de plus en plus molles.

Que s'est-il donc passé?

La fermentation s'est établie au centre du fruit, au sein même de la pulpe, et a produit une certaine quantité d'alcool; cet alcool, réagissant sur l'enveloppe, ramollit, dissout et détruit la matière insoluble, que je compare à la cire, tandis que l'absence de ce corps protecteur permet aux tissus gorgés d'humidité de se décomposer rapidement.

Telle est la marche initiale de la décomposition générale.

Recherchons maintenant quels peuvent être, quels sont les produits nouveaux qui résultent de cette altération du fruit.

En chimie, nous savons que les *Ethers* sont dus à la combinaison de l'alcool et des acides de différentes natures; c'est ainsi qu'avec de l'alcool et de l'acide sulfurique on obtient l'*Ether sulfurique*; qu'avec l'alcool et l'acide chlorhydrique on forme de l'*Ether chlorhydrique*; qu'avec l'alcool et l'acide nitrique on donne naissance à l'*Ether nitrique*, et, qu'enfin, avec l'alcool et l'acide acétique on produit l'*Ether acétique*.

Eh bien! n'avons-nous pas dans la poire et dans la pomme l'acide *malique*? Pourquoi cet acide, se combinant naturellement avec l'alcool produit, ne donnerait-il pas naissance à un éther nouveau, l'*Ether malique*?

Cette hypothèse me semble d'autant plus rationnelle, d'autant plus vraie, qu'elle ne choque en rien la théorie des éthers et qu'elle y rentre pleinement au contraire.

Il est impossible d'ailleurs de s'y tromper, car, en mangeant un de ces fruits trop murs, l'odeur particulière qu'il exhale décèle parfaitement l'existence d'un principe volatil, d'une *essence* qui ne peut être assurément que de l'éther malique. Telle est du moins mon opinion.

L'action que je signalais tout à l'heure, l'action de l'alcool sur la pellicule du fruit, n'est pas instantanée ; elle est lente et proportionnée à la quantité de sucre qu'il contient.

Du jour où la fermentation s'établit, il se fait un travail incessant ; l'alcool absorbe le peu d'humidité de la pellicule qui devient sèche ; il en dissout la cire, puis, mis en contact avec l'atmosphère par les mille fissures microscopiques qui se sont formées dans le rétrécissement de la peau, il se volatilise. Dès lors, le fruit ne possédant plus rien des éléments qui le protégeaient naguère, marche avec une étonnante rapidité à la destruction, à la décomposition totale.

Il y a là, cela n'est pas douteux, un large champ pour l'observation, et des combinaisons nouvelles surgiraient peut-être de ces études.

11ᵉ Conférence.

La Graine.

Après avoir vu passer sous nos yeux, dans l'ordre naturel, tous les organes des plantes, c'est-à-dire les racines, les tiges, les bourgeons, les feuilles, les fleurs et les fruits, nous arrivons à l'étude de la partie la plus importante, sans contredit, de l'histoire des végétaux, celle de la graine.

Le but de la nature, dans la succession des nombreux phénomènes dont nous avons été les témoins émerveillés, le but de la nature, dis-je, est évident ; c'est la perfection de la partie la plus essentielle d'un végétal ; c'est la perfection de celle qui fait revivre l'être qui n'est plus, qui par ses beautés, par ses curieuses et étonnantes évolutions, par

ses splendides transformations, a su bien des fois nous char-
mer.

Toutes ces merveilles se sont évanouies; cet ensemble
merveilleux a disparu, et, si nous ne possédions l'espoir de
les admirer encore, un sentiment de véritable tristesse s'emparant de notre âme, ferait de notre passage, ici-bas, le séjour le plus sombre et le plus désolé.

Mais, le printemps qui met en nous cet espoir, le soleil
qui vient réchauffer de ses bienfaisants rayons la nature entière, réagit sur notre intelligence et sur nos cœurs. Il étend
l'une, il élève l'autre, en leur communiquant une ardeur
nouvelle.

L'homme alors régénéré, pour ainsi dire, recommence
avec bonheur sa vie de rudes labeurs; le laboureur cultive
son champ; il lui confie la semence qu'il a serrée et pour
laquelle il a tous les soins imaginables; puis, le travail
achevé, rentrant au logis heureux et satisfait, il s'endort
rêvant à la récolte future.

Le printemps, les semences, voilà donc les deux aliments
de l'espoir. Le Créateur a voulu que ce grain si petit, que
cette semence souvent imperceptible, renfermât, dans sa
splendide organisation, les germes, l'espoir des générations futures.

C'est par elle que la nature renaît à la vie; c'est par elle
qu'elle se couvre d'une verdure toujours nouvelle qui repose notre vue. Ainsi transformée, elle concourt puissamment à notre existence, soit en servant à notre alimentation
ou en soulageant nos maux, soit en favorisant nos plaisirs.

Sans la graine, point de verdure; sans verdure, la sécheresse et la stérilité.

Alors, des horizons sans bornes nous apparaissent déso-
lants et désolés; la terre nue, brûlée par un soleil ardent
qui la rend inféconde, devient un infernal séjour; on se
croirait transporté au sein de ces déserts africains, où

l'homme ne s'aventure qu'en tremblant et dans lesquels, bien souvent, il a trouvé la mort.

Mais laissons là ces tristes images, heureusement impossibles chez nous. La nature, clémente et douce, a semé pour ainsi dire les roses sous nos pas, et, si dans son court sommeil elle semble nous oublier un peu, soyons patients, car elle reparaîtra plus belle, plus brillante, plus splendide que jamais.

En effet, à peine les premiers rayons du soleil printanier sont-ils venus caresser la terre, que tout s'anime sous leur féconde influence; le froid et l'humidité disparaissent; les graines que les vents ont transportées loin du lieu qui fut leur berceau; les semences que les insectes ont oubliées ou perdues rompent leurs enveloppes, livrent passage à de nouveaux organes qui sont la plante en miniature, pour emprunter à la surface l'air et la lumière dont ils ont besoin.

Quels changements alors! les herbes grandissent, les fleurs des champs paraissent, les insectes bourdonnent en se jouant au sein de cette nouvelle et luxuriante nature; les arbres bourgeonnent, se couvrent de feuilles et de fleurs; c'est, enfin, la vie large et pleine, au milieu de laquelle l'homme, en vrai souverain, coupe, rogne et taille à son gré.

Tels sont les phénomènes produits par la graine, dont l'organisation, véritablement intéressante, sera le sujet de cette conférence.

Organisation de la Graine.

La graine est l'ovule fécondé; c'est elle qui, arrivée à son développement le plus complet et placée dans des conditions favorables, doit donner, sous l'influence de la végétation, un être exactement semblable à celui duquel il a reçu la vie.

Généralement, on regarde la graine comme formée de quatre parties, qui sont :

Coupe verticale d'une graine de Muscadier
avec son arille réticulée.

Graine du fusain à larges feuilles avec
son arille complet et coupe verticale.

 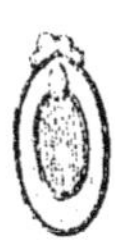

Graine du Ricin et coupe verticale de cette graine.

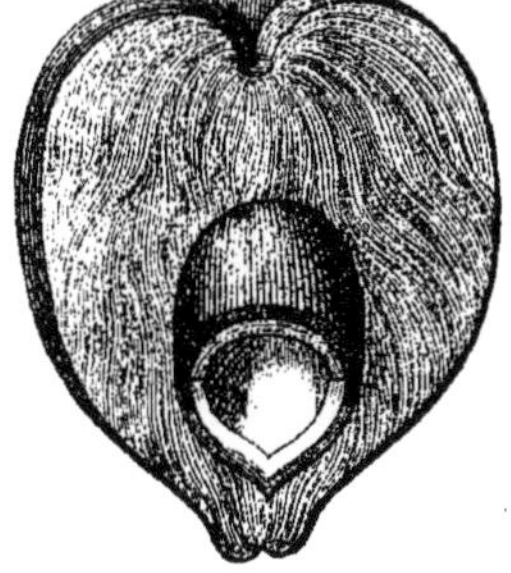

Graine du Cocotier sans son enveloppe
coupée verticalement.

Coupe verticale de la graine
du Cocotier.

Semence du Caféier dans son enveloppe, Semence isolée.
Semence coupée horixontalement.

GRAINES, ARILLES, SPERMODERMES, ALBUMEN.

1° L'*arille* ;
2° Le *spermoderme* ;
3° L'*albumen* ;
4° L'*embryon*.

Arille.

On donne le nom d'*arille* à une sorte d'enveloppe de la graine, à une expansion du trophosperme ou placenta ; c'est un développement de cette partie de l'ovaire, sur laquelle sont fixées les graines, ou, pour être plus exact, un prolongement, un épanouissement du funicule qui, on doit se le rappeler, représente une espèce de cordon par lequel il adhère au placenta.

L'arille n'existe pas dans toutes les plantes, mais on le trouve très-développé dans le Muscadier, où il forme comme une espèce de réseau irrégulier que l'on vend dans le commerce sous le nom de *Macis* (pl. XXI, fig. 1).

Dans le Jasmin (*Jasminum*), la graine est entièrement enveloppée d'un arille ; dans le Fusain à larges feuilles (*Evonymus latifolius*), l'arille est complet, c'est-à-dire qu'il est entièrement clos (pl. XXI, fig. 2).

Considéré dans sa consistance, il est très-variable ; il peut être pulpeux, membraneux, charnu ; il en est de même quant à sa forme, car il n'offre jamais de caractère bien tranché.

Spermoderme.

Le spermoderme, ainsi que son nom l'indique (*sperma* graine et *derma* peau), est la peau de la graine. On a tout lieu de croire que cette enveloppe est fournie par la primine et la secondine, que nous avons étudiées dans l'organisation de l'ovule.

Généralement, le spermoderme est formé par l'assemblage de deux membranes ; la première, qui est la plus extérieure, porte le nom de *test* ou de *tunique propre ;* la seconde est appelée *tegmen*.

Le *test* ou *tunique propre* est la membrane la plus exté-rieure ; il est dur, quelque fois fragile, résistant, épais. Ainsi, dans la semence du Ricin (*Ricinus communis*) (pl. XXI, fig. 3), il est fragile ; dans le Bananier (*Musa*), il est osseux.

Le nom de test lui a été donné à cause de l'analogie qui existe entre la partie lisse de la graine et la surface polie et brillante des coquilles qui, en latin, portent le nom de *testa*.

Le *tegmen* ou *tégument* est la seconde membrane ; c'est lui qui recouvre directement l'amande. Bien souvent ces deux lames ou membranes, le test et le tegmen, sont telle-ment collées ou soudées, qu'il est très-difficile de les distin-guer. On retrouve sur le spermoderme l'existence du my-cropile et de l'ombilie ; le Marron d'Inde, par exemple, porte à sa base une partie blanche, c'est l'ombilie, le test étant de couleur brune et lisse.

On a donné le nom d'Omphalode (du grec *Omphalos* nombril) à la partie centrale de l'ombilie qui, recevant les vaisseaux nourriciers, se dirigent du placenta dans l'ovule.

Le spermoderme peut porter des plis, des arêtes, des filaments soyeux ou poilus. Le coton qui sert à fabriquer nos vêtements est fourni par le spermoderme du Cotonnier (*Gossypium*).

Enfin, dans les Peupliers, les Saules, les semences ont un spermoderme garni de poils abondants, soyeux et flexi-bles.

Albumen.

L'*Albumen* est une substance liquide, mucilagineuse à l'époque de la germination ; sèche, farineuse, huileuse ou cornée lorsque la graine est sèche. Le plus souvent, l'albu-men est blanc ou de couleur blanche ; il est immédiate-ment appliqué sur l'embyron, à la nourriture duquel il est destiné.

Certains auteurs lui ont donné des noms différents :

Ainsi, Richard le nomme *endosperme* (du grec *endon* dedans, et *sperma* semence); Jussieu l'appelle *périsperme* (de *peri* autour, et *sperma* semence), et Gaertner le désigne sous le nom d'albumen (*albumen* blanc d'œuf).

Lors de sa formation, c'est-à-dire au moment où les ovules viennent d'être fécondés, l'albumen est liquide; il remplit les cavités ovariennes. Alors, le développement s'opérant sans cesse, il prend de la consistance, devient laiteux et s'épaissit.

Dans le fruit du Cocotier, par exemple, c'est l'albumen passé à l'état laiteux qui forme ce que l'on appelle le *lait de coco ;* ce lait se condense, s'épaissit et se transforme en une amande au goût délicat et fin (pl. XXI, fig. 4 et 5).

Dans le Blé, l'albumen constitue la farine : dans le Ricin, il est huileux et laxatif; mais, ce qui est digne de remarque, c'est que l'huile fournie par l'embryon est un purgatif drastique dangereux, tandis que celle donnée par l'albumen seulement n'est que laxative; dans la semence du Caféier, l'albumen a la dureté de la corne (pl. XXI, fig. 6).

Toutes les graines ne sont pas pourvues d'albumen, mais il en est qui en ont deux; on cite, par exemple, les Nénuphars, dont l'albumen, qui touche à l'embryon, est très-peu développé, tandis que celui qu'on rencontre dans les parties inférieures est en quantité relativement considérable. Examinés dans leur consistance, ces deux albumens diffèrent essentiellement : l'un, celui qui touche à l'embryon, est épais, charnu; l'autre, celui qui finit par occuper l'espace entier de la cavité, est de nature pulvérulente et farineuse.

Ce que nous avons dit de l'albumen peut se résumer ainsi :

1° C'est la substance nutritive de l'embryon;

2° Il est généralement plus considérable que l'embryon, comme dans le Blé, le Lierre, etc. ;

3° Mais il est souvent très-peu développé, ainsi qu'on le remarque dans un grand nombre de plantes, et surtout dans les Malvacées, où il ne semble former qu'une enveloppe fort mince de la graine;

4° Il peut être englobé par l'embryon qui, dans ce cas, prend la forme d'un anneau comme dans la Nielle des Blés, la Belle de Nuit, etc.;

5° Il entoure le plus souvent l'embryon; telles sont les Ombellifères;

6° Il peut être situé au sommet de la graine, comme dans le *Carex maxima*, où l'embryon, réduit à de très-minimes proportions, est à la partie basse et rétrécie de la graine; ou bien il s'empare, comme dans les Graminées, de la cavité presqu'entière, tandis que l'embryon en occupe, à la base, la partie latérale;

7° Et enfin, quant à leurs formes, elles sont aussi variées que leurs couleurs.

Embryon.

D'après ce que nous venons de voir, il est aisé de comprendre que l'embryon est, assurément, la partie la plus importante, la plus essentielle de la graine; on pourrait dire qu'il est le rudiment de la plante, puisque les parties qui le forment sont à peine visibles.

On distingue, dans un embryon, quatre parties différentes, savoir :

1° La *substance cotylédonaire* ou *corps cotylédonaire*;

2° La *gemmule*;

3° La *radicule*;

4° La *tigelle*.

Le corps cotylédonaire peut se borner à une partie unique; il porte alors le nom de *cotylédon*, nom qui lui vient de ce que sa forme est, à peu près, celle d'une petite coupe (du grec *cotylédon* coupe); dans ce cas, la plante est dite *monocotylédonée*.

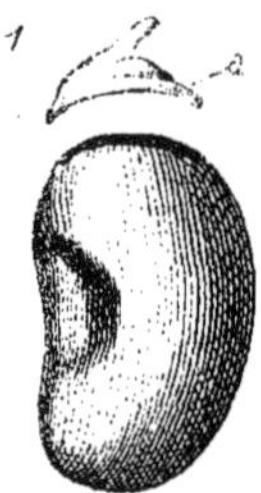

Fève entière.

*Fève vue de coté, le micropyle
avec le hile et l'omphalode.*

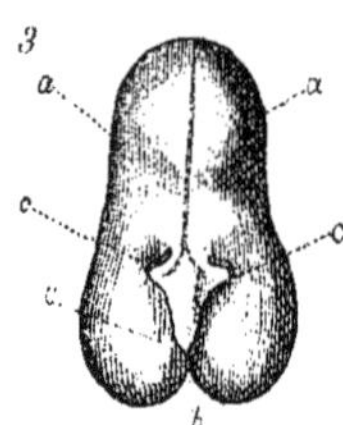

*Fève avec les deux cotylédons
la radicule et les deux ombilics.*

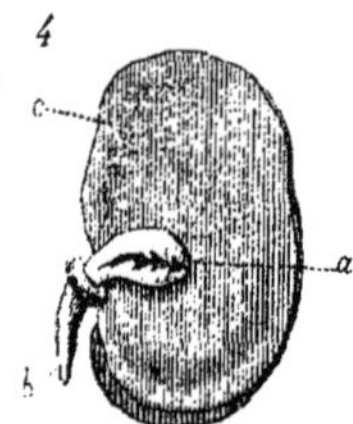

*Fève avec un seul cotylédon
le gemmule et la radicule.*

*Embryon isolé de la Fève avec
la radicule et les jeunes feuilles.*

Graine du Dattier avec son embryon latéral.

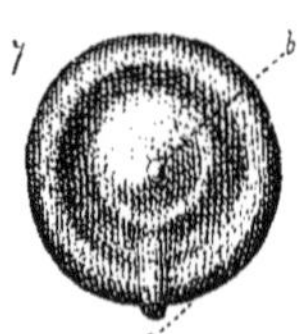

Graine de Noix vomique.

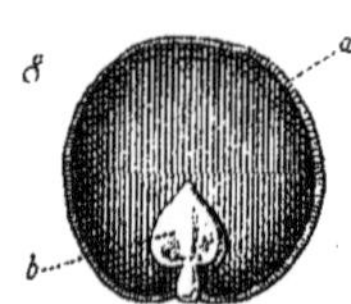

et coupe verticale de cette graine.

Cours de Botanique par M.Maison   Lith.Dufour-Bouquet.

EMBRYONS

Mais si, au lieu d'un seul cotylédon, la graine en présente deux ou plus de deux, on dit que la plante est *dicotylédonée*.

Les plantes phanérogames (du grec *phaneros* visible, et *gamos* mariage), c'est-à-dire celles qui sont pourvues d'organes reproducteurs visibles, possèdent seules des dicotylédons; les plantes *cryptogames* (*cryptos* caché), c'est-à-dire celles dont les organes reproducteurs ne sont pas apparents, sont privées de cotylédon et sont nommées plantes *acotylédonées*.

Les cotylédons sont, si l'on peut s'exprimer ainsi, les mamelles chargées de nourrir la jeune plante. Dans la Fève des marais, par exemple, on distingue parfaitement les différentes parties qui constituent l'embryon (pl. XXII, fig. 1).

Dépouillons-la de son enveloppe et suivons avec attention les différentes phases qu'elle subit au moment de la germination.

La figure 1re représente une Fève entière, c'est-à-dire munie de la tunique qui renferme toutes les parties de l'embryon; en *a*, on trouve le podosperme qui se développe en arille. La figure 2ᵉ, montrant cette graine vue de côté, laisse voir en *a* le hile ou ombilic, en *b* le micropyle et en *c* l'omphalode.

Nous apercevons en *a*, fig. 3, le corps cotylédonaire ou les deux cotylédons que Dupetit-Thouars nomme *protophylles* ou premières feuilles; puis en *b* la radicule, ou cette partie de l'embryon destinée à devenir la racine, et enfin, en *c*, les deux ombilics chargés de donner à l'embryon les sucs nutritifs dont il aura besoin pour se développer.

Dans la fig. 4, on voit la même Fève privée de l'un de ses cotylédons; on remarque en *a* la *gemmule*, cette partie de l'embryon qui termine la *tigelle;* cette gemmule est formée par l'enroulement de deux feuilles et constitue le premier bourgeon; en *b*, on retrouve la radicule et en *c* le cotylédon restant.

Dans la fig. 5, où, par un développement plus avancé, les organes ont pris plus de volume, nous voyons l'embryon complétement isolé des cotylédons ; de sorte que, en *a*, il est permis de rencontrer l'endroit où sont fixés les cotylédons, en *b* la radicule, en *c* les feuilles de la gemmule et en *d* la tigelle ou rudiment de la tige.

Si nous examinons une graine de Dattier (pl. XXII, fig. 6), nous trouvons une organisation différente ; là, la graine est irrégulière, dure comme le bois, portant en *a*, dans toute sa longueur, un sillon profond ; dans la coupe horizontale de cette graine (fig. 6 *bis*), on remarque en *a* le sillon et en *b* l'embryon qui est latéral et extérieur.

Dans la Noix vomique (pl. XXII, fig. 7), on voit en *a* la radicule et en *b*, l'ombilic ; puis enfin, dans la fig. 8, qui offre la coupe verticale de la graine, on reconnaît en *a* l'enveloppe ou tunique, et en *b* l'embryon.

Nous disions plus haut que certaines graines ne contiennent qu'un embryon, tandis que d'autres en renferment deux ou un plus grand nombre ; cela est exact, car la semence du Gui en renferme deux, et celle de l'Oranger deux, trois, quatre et souvent un plus grand nombre. Mais, le plus souvent, chaque graine n'en possède qu'un seul.

Considérations générales sur la germination et ses phénomènes.

On donne le nom de *germination* au phénomène fort curieux qui se produit, lorsque les graines, placées dans des conditions favorables, développent successivement toutes les parties qui les constituent.

Ces conditions sont complexes.

Si nous mettons en terre une graine, par un temps froid, elle ne germe pas ; ses enveloppes, toujours entières, ne subissent aucune altération ; l'embryon immobile pourrait rester un laps de temps plus ou moins long sans présenter la trace d'un mouvement quelconque. Mais, si la chaleur succède au froid, on voit alors s'opérer un changement général ; la graine offre un autre aspect, elle se gonfle, rompt ses enveloppes et laisse apercevoir tous ses organes.

La chaleur est donc un agent indispensable au phénomène de la germination.

Dans ces conditions de chaleur seulement, la graine passerait-elle par toutes les phases de la germination ? Non ; la chaleur sèche ne donnerait, comme le froid, qu'un résultat négatif ; mais, la chaleur et l'humidité, venant à combiner leur action, et la graine se trouvant dans des conditions favorables à une bonne germination, le résulat serait certain.

La chaleur et l'eau, voilà donc deux éléments nécessaires à la vie végétale. Suffiraient-ils cependant ? Non encore, car sans *air*, sans *lumière* surtout, la germination est incomplète et, bien qu'on ait assuré que son effet était nuisible au développement des plantes, on a des raisons de croire, au contraire, à son utilité.

Sans doute, on peut dire que la somme de chaleur est en raison de la somme de lumière ; dans ce cas, il serait raisonnable de penser qu'une émission considérable de lumière serait défavorable à la jeune plante, en ce sens que la chaleur qui en émanerait viendrait dessécher, dans leur source même, les sucs essentiels à sa vie. Tel serait assurément le résultat, si le milieu dans lequel germeraient les graines était privé d'humidité ; mais on ne doit pas raisonner dans cette hypothèse, l'humidité, dans tous les cas, faisant partie du sol.

M. de Saussure a combattu victorieusement cette assertion par l'expérience suivante : Deux cloches de même contenance, l'une transparente, l'autre opaque, furent placées, munies de graines, dans le même milieu, puis levées toutes deux après un certain nombre de jours ; il se trouva que la germination avait été beaucoup plus active sous le verre transparent que sous le verre opaque. On est donc en droit de conclure que la lumière est un agent indispensable à la germination.

Mais l'air n'est pas moins nécessaire, puisque sans sa présence les plantes s'étiolent et meurent.

Or, s'il n'y a pas d'air, la graine ne germe pas.

N'en avons-nous pas chaque jour une preuve évidente, lorsqu'après le défrichement des bois, par exemple à la suite d'un labour profond, nous voyons apparaître à la surface du sol des plantes dont on ne soupçonnait pas l'existence et qui, sans nul doute, sommeillaient depuis longtemps dans ces profonds *silos*.

Voilà donc une question résolue ; la chaleur, l'eau, l'air et l'humidité sont les éléments nécessaires à toute bonne germination.

Cependant, là ne se bornent pas ces curieux phénomènes ; il en est d'autres non moins intéressants qui, par leur développement successif, concourent puissamment à la transformation des différentes parties de la graine en une plante complète.

Nous savons tous que l'air est composé d'*oxygène* et d'*azote*, et que les substances végétales renferment une grande quantité de *carbone*. Or, au moment où la germination commence, l'air est décomposé ; son oxygène s'unit au carbone de la plante pour former de l'acide carbonique. Cette union de l'oxygène et du carbone a modifié profondément la nature de la matière féculente contenue dans les cotylédons, puis enfin, par le fait même de cette modification, la fécule s'est convertie en *glucose,* produit soluble destiné à nourrir, pendant quelque temps, le jeune végétal.

Quelques personnes ont pensé que l'électricité jouait un rôle important dans l'acte de la germination ; mais, jusqu'alors, cela n'est pas prouvé, et son action (je ne veux parler que de l'électricité atmosphérique) étant mal connue, nous ne nous en occuperons pas.

La germination n'est pas la même dans les graines monocotylédonées que dans les dicotylédonées. Dans ces dernières, on voit que la radicule apparaît sous la forme conique, et va sans cesse en s'allongeant; c'est un véritable pivot qui persiste, tandis que dans les monocotylédonées le pivot se détruit peu de temps après son apparition, pour faire place à ce que l'on appelle une racine multiple. L'exemple suivant fera bien comprendre la théorie de cette transformation.

Si nous faisons germer des semences de Carotte, nous remarquons que la radicule cherche constamment à pénétrer dans les profondeurs de la terre et, quoique portant quelques radicelles à sa surface, n'en constitue pas moins un pivot unique, une racine unique.

Mais, que nous fassions germer des graines de Renoncule, nous observerons que la radicule qui, tout d'abord, peut être considérée comme un pivot naissant, se détruit bientôt pour donner naissance à un grand nombre de petites racines, partant de sa base pour former la racine multiple.

Dans le premier cas, nous avons affaire à des graines dycotylédonées, et dans le second à des graines monocotylédonées.

Lorsque dans l'acte de la germination les cotylédons n'apparaissent pas à la surface du sol, entraînés par le développement de la tigelle, on dit qu'ils sont *hypogés* (du grec *hypo* sous, et *gè* terre, sous terre). Si, au contraire, les cotylédons apparaissent portés par la tigelle au-dessus du sol, on dit qu'ils sont *épigés* (de *épi* sur, et *gè* terre, sur terre).

Le Sol.

Le *sol* joue certainement un grand rôle dans la germination. On a dit que la terre n'était pas indispensable à l'accomplissement de cet acte, et l'on cite à l'appui de cette assertion les expériences fréquemment répétées dans nos appartements pendant la saison rigoureuse, expériences qui consistent à mouiller du coton, puis à y déposer des graines qui ne tardent pas à germer.

Concluera-t-on de là que la terre n'est pas nécessaire à la germination ? Ce serait une erreur.

Que signifie cette germination que j'appelle éphémère, et quelle est sa valeur? Je ne lui en attribue aucune, car, si l'on considère la graine au point de vue de son développement et de sa transformation, on peut être assuré d'avance qu'ils ne seront et ne sauraient être complets. En effet, semons dans deux milieux différents la même semence, l'une dans du coton mouillé, l'autre dans un pot rempli de terre, puis suivons avec soin, jour par jour, le travail de la germination. Nous remarquerons, après un laps de temps plus ou moins long, qui sera déterminé par la température, que dans le vase plein de coton mouillé la germination se fait plus activement que dans le vase où est la terre; mais nous constaterons aussi que si elle est plus rapide, elle a moins de valeur, en ce sens que la plante qui se développera sera toujours maigre, ne produira que peu ou pas de fleurs, tandis que celle qui aura germé dans la terre sera robuste et marchera, suivant ses différentes phases, jusqu'à la production du fruit.

Si l'on a pour but de démontrer seulement que les graines ont la faculté de germer sous l'influence de l'humidité, la démonstration est juste, car elles germeraient aussi bien sur la dalle humide de nos cours que sur la pierre de nos monuments, où le vent humide peut favoriser leur germination; mais, ainsi que je le disais tout à l'heure, cette germination est sans valeur.

Non-seulement la terre est utile, mais elle est indispensable à toute bonne germination, et pour plusieurs raisons : je n'en citerai qu'une, la plus sérieuse, celle de la nutrition.

On comprendra sans peine que si l'eau est, dans une certaine mesure, un nutritif important, il est loin d'être complet, tandis que cette eau, imprégnant la terre, lui enlève,

en les dissolvant, les substances solides de différentes natures pour les communiquer au végétal.

Dès lors, la force et la vigueur dans l'individu, puis,
comme résultat final, une bonne fécondation et une excellente fructification.

Résumé des phénomènes de la germination.

Nous avons vu plus haut quels sont les éléments nécessaires à la graine pour germer; quels sont ses différents
organes. Il ne sera pas inutile de nous mettre en présence
d'une de ces semences et d'assister au curieux spectacle de
ses étonnantes évolutions.

Emparons-nous encore de la Fève.

Au moment de la germination, on remarque :

1° Le gonflement et la rupture de l'enveloppe;

2° Le gonflement de l'embryon;

3° Absorption par l'embryon des sucs propres à sa nutrition;

4° Décomposition de l'air, dont l'oxygène se combine
au carbone, pour donner naissance à de l'acide carbonique;

5° Formation d'un principe particulier appelé *diastase* (1);

6° Conversion de cette diastase en *dextrine* et en *sucre*
sous l'influence de la chaleur et peut-être aussi, dit-on, de
l'électricité atmosphérique;

7° Liquéfaction du glucose ou sucre dans l'eau de végé-
tion;

8° Et enfin, absorption de ce liquide qui devient pour
l'embryon la substance la plus essentielle à son développement et à sa vie.

---

(1) La *diastase* est une substance contenue dans les céréales en
germination; elle transforme la fécule en sucre ou glucose.

L'orge germée, traitée par l'eau chaude, cède parfaitement ce
principe qui peut être isolé.

Dans ces conditions, la plante se développe; la radicule pénètre dans le sein de la terre, la tigelle s'élève et prend de la force, les feuilles naissent. Alors, de nouveaux phénomènes apparaissent, une sorte de respiration s'établit par ces feuilles; la matière sucrée qui a servi à l'alimentation est décomposée et transformée en acide carbonique qui est rejeté.

Différences de la germination dans les plantes monocotylédonées et dicotylédonées.

Dans les plantes dicotylédonées, la germination possède des phases particulières qui peuvent être définies ainsi :

1° Absence ou présence de périsperme ;

2° Rupture des enveloppes de la graine ;

3° Allongement de la radicule qui pénètre au sein de la terre ;

4° Dégagement de la tigelle ;

5° Développement de la gemmule qui s'élève au sein de l'air et de la lumière et qui, devenue libre par la division des cotylédons, prend toujours une marche opposée à la radicule ;

6° La radicule n'a pas de coléorhyze. (Voyez page 13.)

Dans les plantes monocotylédonées, on remarque :

1° Un périsperme assez considérable ;

2° Le cotylédon reste engagé dans la graine ;

3° L'embryon montre sa radicule au dehors ;

4° La gemmule suit la radicule ;

5° Développement de la gemmule placée à la base du cotylédon et se dirigeant dans l'air, tandis que la radicule tend toujours à pénétrer dans la terre ;

6° La radicule est coléorhyzée.

Parmi les plantes monocotylédonées, dont le périsperme fait défaut, le cotylédon abandonne le plus souvent la graine pour s'élancer avec la tigelle et grandir avec la gemmule, dont les feuilles, dites *primordiales*, se développent en même temps.

Il y a donc une différence bien tranchée dans la germination des graines appartenant aux plantes phanérogames.

Considérés dans la forme de leurs racines, ces végétaux, suivant qu'ils sont monocotylédonés ou dicotylédonés, présentent au moment de la germination des dispositions particulières. En effet, dans les graines monocotylédonées, la radicule, au lieu de se convertir ou de se continuer en un pivot permanent, comme dans les dicotylédonées, donne naissance à des racines secondaires produites par la destruction de la racine primaire naissante. Ces racines secondaires sont coléorhyzées, tandis que celles des dicotylédonées ne le sont pas.

Durée de la germination.

Considérée dans sa durée, la germination exige pour chaque espèce un temps plus ou moins long.

Généralement, elle est d'autant meilleure, qu'elle se fait à une époque plus rapprochée de la maturité de la graine, c'est-à-dire que, semée aussitôt après la récolte, elle donnera, sans nul doute, une plante plus vigoureuse et plus belle.

Mais il est ceci de remarquable que, pour le plus grand nombre, l'époque de la germination est subordonnée aux saisons, ou du moins à la saison favorable.

S'il est des graines qui conservent longtemps leur principe vital et peuvent être semées après bien des années de repos, sans que ce principe soit atteint, il en est d'autres qui, à la suite de ce trop long repos, sont tellement modifiées dans leur composition, qu'elles deviennent impropres à la germination ou ne fournissent que des sujets mal conformés ou chétifs.

Ainsi, nous savons que des graines de Haricot, prises dans l'herbier de Tournefort, graines qui, alors qu'on les fit germer avaient plus de cent ans, donnèrent de bons produits ; nous savons que des semences de Melon, vieilles de quarante années, étaient restées excellentes; que de l'Orge semée, après cent quarante ans d'inaction, a donné une germination parfaite.

Mais nous savons aussi que les semences *oléagineuses* se conservent mal, qu'elles s'altèrent facilement, se rancissent, prennent une saveur tellement âcre et désagréable, qu'il est impossible d'en faire usage. Dans ces graines ainsi altérées, le principe vital est atteint; on comprendra donc aisément que, soumises à la germination, elles ne peuvent donner que de mauvais résultats.

Longtemps on a prétendu que le Blé, trouvé dans les tombeaux égyptiens, avait conservé sa propriété germinative et qu'il donnait des résultats merveilleux quant à la qualité et à la quantité. Ces prétentions ont été réduites à néant, car il est bien prouvé que ces semences ont subi, dans leurs séculaires demeures, une altération si profonde que, non-seulement elles ne germent plus aujourd'hui, mais qu'elles ont dû perdre cette faculté depuis un grand nombre de siècles.

La durée de la germination est variable ; elle est soumise au degré plus ou mois élevé de la température; ainsi :

Pour le Cresson alénois (crucifères) il faut environ 24 heures.
- Epinard (chénopodées) — 4 jours.
- Haricot (légumineuses) — 4 à 6 —
- Navet (crucifères) — 5 à 6 —
- Melon (cucurbitacées) — 8 à 10 —
- Chou (crucifères) — 8 à 10 —
- Pourpier (portulacées) — 9 à 12 —
- Blé (graminées) — 10 à 15 —
- Hysope (labiées) — 20 à 30 —
- Ciguë (ombellifères) — 30 à 40 —
- Cornouiller (cornées) — 12 à 15 mois.
- Châtaignier (cupulifères) — 1 à 2 ans.

Les chiffres que nous donnons ne sont pas absolus; on comprendra facilement qu'avec un abaissement de température la germination se ralentira, de même qu'elle sera singulièrement activée sous l'influence d'un degré plus élevé.

Quant aux germinations tardives, elles ne sont dues qu'à la nature des enveloppes ou téguments de la graine ; il sera donc aisé de concevoir que la germination, dans le Cornouiller ou dans le Châtaignier, par exemple, ne peut commencer que lorsque l'humidité, ayant pénétré leurs enveloppes dures et résistantes, vient enfin leur faire sentir son action et leur communiquer la vie.

12⁰ Conférence.

La Séve, son absorption et sa distribution. Séve ascendante.

Examinons maintenant comment cette graine, placée dans un milieu favorable, pourra parcourir toutes les phases de son développement ; comment la jeune plante pourra vivre ; en vertu de quels phénomènes ce liquide, que l'on appelle *Séve*, et qui doit désormais devenir sa nourriture, sera absorbée, distribuée dans les plus secrets canaux de la tige.

La germination achevée, les cotylédons, soit qu'ils apparaissent à la surface du sol, soit qu'ils restent cachés dans son sein, n'ont plus aucune fonction à remplir. La substance qu'ils renfermaient, modifiée par les combinaisons diverses que nous avons expliquées, est devenue le premier aliment du végétal naissant. On l'a comparé, avec raison, au lait donné chaque jour par la mère à son enfant, dont les organes trop délicats ne pourraient en supporter un autre.

En effet, comparé à la séve proprement dite, le liquide lactescent et sucré qui résulte de la décomposition de la substance cotylédonaire est très-peu chargé de sels. Dans cet état, il suffit à la jeune plante; mais, à mesure que le développement s'opère, à mesure que de nouvelles racines se développent, elles trouvent, au milieu du sol où elles pénètrent, des corps qui, sous l'influence végétative, entreront en décomposition afin d'être plus facilement assimilés.

L'influence du sol est donc considérable à ce point de vue. Nous savons que la terre contient des sels solubles; leur absorption s'explique alors aisément; mais, parmi eux, il en est dont l'insolubilité serait un obstacle à l'absorption, si des décompositions ou phénomènes chimiques ne venaient y remédier. Ainsi, l'oxyde de fer, les sulfate, carbonate, phosphate de chaux, composés, insolubles ou très-peu solubles, lorsqu'ils font partie du sol, deviennent solubles, au contraire, quand ils se trouvent en présence de l'acide carbonique.

Or, la terre humide en contient toujours, et, comme il s'en produit encore au moment de la germination et dans la continuité de l'acte de la végétation, le phénomène de la solubilité s'explique facilement. Telle est la théorie de l'assimilation des sels par les végétaux.

C'est par la racine, ou, pour être plus exact, c'est par les nombreuses divisions de la racine ou radicelles que l'absorption a lieu et se continue ainsi jusque dans les parties les plus élevées et les plus délicates de la plante.

Lorsque nous avons fait l'histoire de la tige, nous avons reconnu l'existence des différentes couches qui se forment et la constituent, c'est-à-dire la moelle, le corps ligneux, composé du vrai bois et du faux bois, de l'écorce et des rayons médullaires; il ne sera donc pas inutile d'apprendre comment s'opère la distribution de ce fluide vivifiant, la séve, dans ces innombrables canaux.

On a cru pendant longtemps, et beaucoup de personnes

croient encore aujourd'hui, que la séve, après avoir été absorbée par les racines, prenait sa route à travers les mille conduits de la moelle et de l'écorce pour être transmises aux branches et aux feuilles ; que, distribuant dans ce voyage ascendant les principes nécessaires à chacun des organes du végétal, elle refluait vers les racines en passant par les vaisseaux du liber.

Des observations postérieures à cette croyance, des expériences réitérées ne permettent plus d'ajouter foi à cette hypothèse, car il paraît bien démontré aujourd'hui que la séve, quittant les racines, est transportée dans les deux couches ligneuses lorsque le sujet est jeune, et seulement dans la couche ligneuse externe ou aubier quand il est plus âgé.

C'est un fait acquis maintenant que si l'on enlève à l'arbre son écorce ou une partie de son écorce, il n'en continue pas moins de vivre ; que si l'on parvient à diviser la moelle de façon à ce qu'il y ait dans le canal médullaire des solutions de continuité nombreuses, sa vitalité n'en sera point altérée.

Si, renversant le mode opératoire, on porte atteinte à l'intégrité du bois, non-seulement l'existence est compromise, mais l'arbre meurt.

Ne voyons-nous pas chaque jour, dans nos campagnes, sur le bord des rivières ou des ruisseaux, un grand nombre de Saules qui, véritables squelettes, ne se soutiennent que par un miracle d'équilibre? ils sont vidés pour ainsi dire, entièrement privés de moelle ; cependant ils vivent et se couvrent, chaque année, d'un luxuriant et vert feuillage.

En vertu de quel phénomène restent-ils debout et renaissent-ils incessamment ?

Par un phénomène bien simple.

Si nous examinons l'intérieur de l'un de ces Saules, nous verrons une partie qui touche directement à l'écorce, mais qui ne lui appartient pas; or, cette partie n'est autre que la couche externe de l'aubier.

Si maintenant nous avons recours à une opération différente, que nous pratiquions, à l'aide d'un instrument perforant, une ouverture jusqu'à la moelle, nous remarquons que les premières portions enlevées, dans le système cortical et dans les couches ligneuses les plus rapprochées de l'écorce, sont à peine humides, tandis que les couches les plus profondes présentent une véritable humidité qui s'accroît à mesure qu'on pénètre dans le centre, et souvent permet au liquide séveux de s'écouler librement.

Il ressort donc de ces expériences que la séve est absorbée et transmise des racines aux feuilles par les couches ligneuses et non par les couches corticales.

Duhamel, le célèbre agronome, afin de prouver d'une manière irréfutable l'opinion ci-dessus, agissait ainsi : il choisissait un jeune et vigoureux sujet, pratiquait sur l'étendue de sa tige des sections horizontales nombreuses, pénétrant jusqu'à la moelle. On pouvait supposer que, sous l'influence de ces profondes blessures, l'arbre devait nécessairement mourir; il n'en était rien; il continuait de végéter, et les phases ordinaires se déroulant d'une façon normale, il était logique de croire que ces sections n'avaient compromis en rien la vitalité de l'arbre.

Que s'était-il passé? — La séve, éprouvant d'abord un léger obstacle, un empêchement à sa course habituelle, s'était momentanément arrêtée, puis, se frayant une autre route, à droite et à gauche des entailles, elle arrivait ainsi jusqu'aux feuilles, entraînée par la force végétative des parties intactes.

Force ascensionnelle de la Séve.

Il est bien démontré aujourd'hui que la séve circule, de bas en haut d'abord, poussée par une force remarquable.

Bien des expériences ont été tentées pour arriver à la

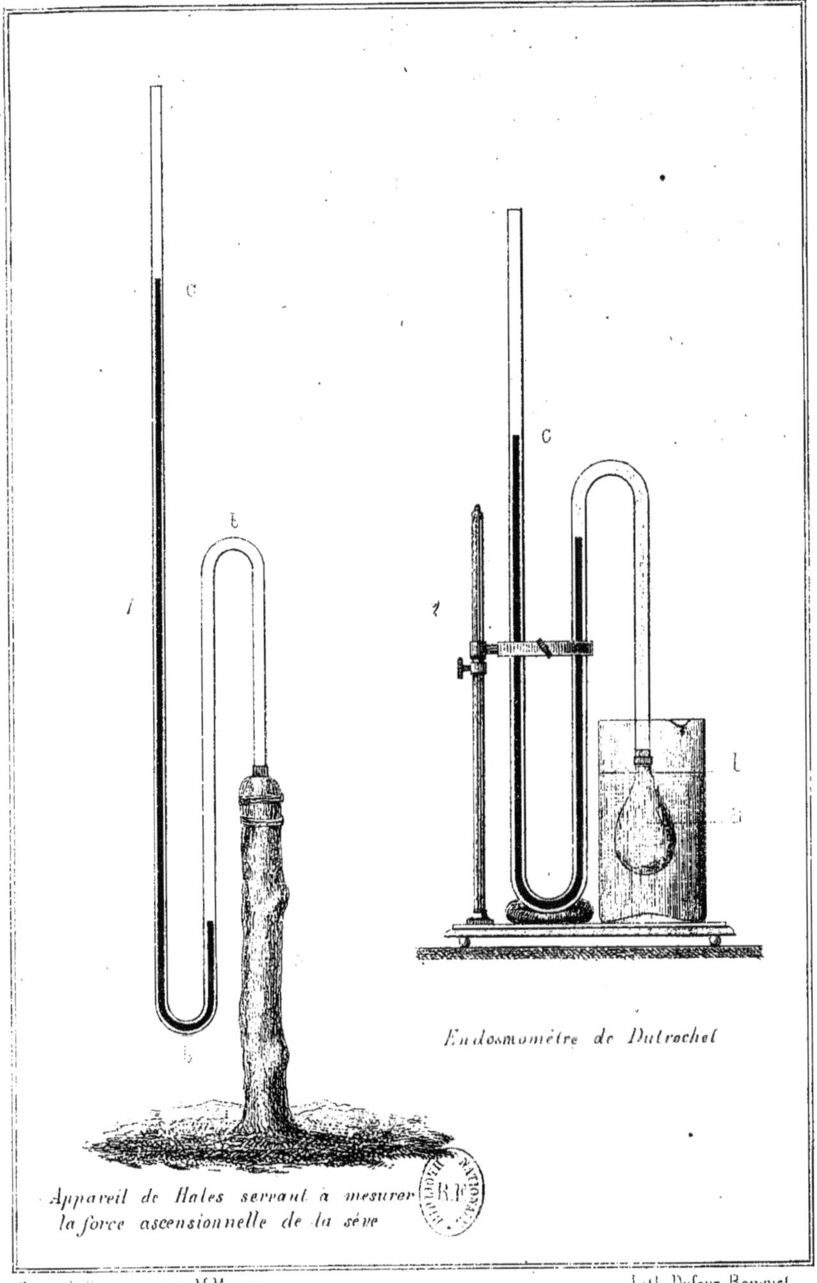

Endosmomètre de Dutrochet

*Appareil de Hales servant à mesurer
la force ascensionnelle de la séve*

Cours de Botanique par M. Maison   Lith. Dufour-Bouquet.

APPAREILS DIVERS

détermination de cette force, mais la plus connue et la plus intéressante est celle de Hales.

Ce savant naturaliste prit pour sujet de sa démonstration un cep de vigne *a* (pl. XXIII, fig. 1); il le coupa horizontalement, y fixa un tube courbé *b*, dont la branche extérieure avait une longueur beaucoup plus considérable que celle qui s'adaptait sur le cep. Cette branche contenait du mercure. Ainsi fixé, le tube de cet appareil reçoit directement l'impulsion donnée par la séve.

Cette expérience, faite en avril au moment où la séve est abondante, donna pour résultat un refoulement du mercure dans la branche externe, à l'aide de la séve engagée dans la partie fixée au végétal.

Hales calcula que cette force ascensionnelle, qui s'était traduite par 1 mètre au-dessus du niveau primitif du mercure, pouvait équivaloir au poids d'une colonne d'eau de 13 mètres ou à une force cinq fois plus puissante que celle qui entraîne le sang dans la grosse artère d'un cheval. La pression observée était supérieure à celle de l'atmosphère.

On reconnaît deux sortes de séve, la séve *ascendante*, dont nous venons de parler, et la séve *descendante* que nous allons décrire.

Séve descendante.

La séve descendante est produite par la modification de la séve ascendante; je dis modification, car il est bien certain, le raisonnement et l'observation le démontrent surabondamment, que la séve ascendante, après avoir circulé de bas en haut pour alimenter les couches ligneuses, a subi dans sa composition des différences notables, différences ou modifications que nous expliquerons plus tard en parlant de la séve élaborée.

La séve ascendante, après avoir parcouru tous les canaux du végétal, depuis ses divisions radicales les plus déliées jusqu'aux feuilles les plus délicates, fait un retour vers les racines, parcourant cette fois une route opposée, c'est-à-dire que, quittant les extrémités supérieures du système ligneux, elle s'introduit dans le système cortical pour revenir à son point de départ, après avoir laissé sur son passage les éléments nécessaires à sa nutrition.

Citons un exemple à l'appui de cette assertion :

Prenons encore un arbre jeune et vigoureux et mettons sur un point quelconque de sa tige un collier soit en corde, soit en fer, solidement fixé. Que se passera-t-il? L'écorce comprimée, serrée, ne remplissant plus ses fonctions, il se formera un bourrelet à la partie supérieure de ce collier, tandis que la partie inférieure n'éprouvera que peu de changement; mais ce changement, si peu sensible qu'il soit, vient encore fortifier cette théorie, car, si la partie supérieure de l'écorce comprimée se convertit en bourrelet, les bords de la partie inférieure se dessèchent et sont, pour ainsi dire, frappés de mort puisqu'ils ne reçoivent plus de nourriture.

Il est donc permis de croire que la séve descendante a réellement pris sa course dans les tissus du système cortical pour regagner la racine, mais que, entravée dans sa marche par le collier constricteur, elle s'est accumulée en forme de bourrelet.

De l'endosmose.

C'est à M. Dutrochet que l'on doit la découverte de l'endosmose et son explication.

L'endosmose (du grec *endon* dedans, *ôsmos* courant) est un phénomène physique, en vertu duquel deux liquides de densités différentes, séparés par une membrane animale, se mêlent, le plus dense attirant toujours le moins dense.

Que de ces deux liquides, l'un par exemple, soit formé d'une solution de gomme ou de lait, puis placé dans une vessie *a* (pl. XXIII, fig. 2), et l'autre formé simplement d'eau pure, placée dans un vase extérieur *b*, on remarquera, après quelque temps d'immersion de la vessie dans le vase que la membrane qui contenait le lait augmente de volume et que l'eau du vase diminue : le corps le plus dense a donc attiré le moins dense.

Mais si l'on veut une preuve plus évidente, plus sensible, nous adapterons à cette membrane perméable un tube gradué. *c,* et nous verrons encore que le liquide extérieur qui est l'eau, pénétrant dans la vessie, déterminera l'ascension du lait dans le tube à une certaine hauteur.

Tel est l'endosmomètre de Dutrochet.

En renversant l'opération, c'est-à-dire en mettant de l'eau pure dans la vessie, l'effet inverse se produit, car c'est l'eau qui se mélange au lait, sous l'influence de l'endosmose; l'eau diminue dans la vessie et le lait augmente dans le vase. Cette fois encore le liquide plus dense a donc attiré le moins dense.

Il est alors permis de croire que c'est par l'endosmose que la séve pénètre dans les végétaux à l'aide des radicelles.

En effet, cette séve, plus dense que l'eau, en raison des des principes gommeux et sucrés qu'elle contient, attire et puise incessamment cette dernière dans le sein de la terre pour la communiquer aux parties les plus élevées du végétal.

Transpiration des Végétaux.

Il est un fait certain, c'est que la séve, arrivée au but de sa course ascendante, c'est-à-dire dans les feuilles, se trouve en contact avec l'air atmosphérique et que, dans ce contact, elle perd une grande partie de son eau. C'est à ce phénomène vraiment curieux que l'on a donné le nom de *transpiration*.

Ce n'est point une vaine théorie.

Bien que cette transpiration soit insensible ou rendue imperceptible sous l'influence de la chaleur, pendant le jour, il n'en est pas moins vrai qu'elle a lieu, et, si nous réfléchissons, nous comprendrons que , par un abaissement de température qui se produit ordinairement pendant la nuit, cette vapeur ne trouvant plus l'air et la chaleur comme dissolvants, est nécessairement réduite et condensée. Or, cette condensation a lieu directement sur les feuilles.

On pourrait croire qu'elle est due à la rosée, mais on se tromperait, car une plante dont les feuilles sont isolées ou séparées de l'atmosphère par une cage de verre hermétiquement close, se recouvrent d'une humidité tellement abondante que souvent elle se convertit en véritables gouttes.

Les feuilles, ainsi qu'on en peut juger, sont donc des organes servant à la transpiration.

Plus la température est élevée , plus la transpiration est abondante.

La présence des stomates, ces ouvertures microscopiques de l'épiderme, concourent puissamment à l'accomplissement de ce phénomène. Cependant, il est des feuilles qui n'ont pas ces ouvertures et chez lesquelles cependant la transpiration s'effectue régulièrement; dans ce cas, il faut raisonnablement admettre que cette transpiration a lieu par des pores invisibles et nombreux.

Pourquoi, lorsque la chaleur du jour est étouffante, les plantes se courbent-elles et semblent-elles flétries? Parce que l'excès de chaleur de l'atmosphère, sollicitant sans cesse la transpiration, les liquides séveux ne sont plus en rapport avec l'organisme végétal; parce que l'humidité, indispensable à la vie végétale faisant défaut, la plante souffre, et cet état durant, succomberait infailliblement. Mais à peine la rosée bienfaisante de la nuit est-elle venue lui offrir ses caresses, que sa langueur disparaît pour faire place à la fraîcheur et à la vie.

Examinons maintenant la relation qui existe entre l'atmosphère et les récoltes futures :

Si le printemps et l'été se font dans des conditions favorables, que la chaleur soit relativement plus forte que le froid, la plante, vigoureuse et forte, donnera certainement des fruits succulents et savoureux; mais si la température est froide, si les pluies sont abondantes, l'effet contraire a lieu, et les fruits gorgés d'eau seront sans saveur et souvent sans odeur.

En effet, si le temps est chaud, la séve ayant subi l'action de l'air et se trouvant privée par la transpiration de l'excès d'humidité qu'elle contenait, se trouve nécessairement plus riche en principes actifs; elle redescend alors, laissant sur son passage ce qui est indispensable à la vie de chaque organe. Il est donc aisé de comprendre que, dans de telles conditions, les fruits doivent réunir toutes les qualités désirables.

Or, si la température est froide, si des pluies abondantes viennent arroser la terre et les feuilles, la transpiration ne pouvant avoir lieu, la plante entière est gorgée d'eau et ne donnera, quoiqu'il arrive, que des fruits peut-être beaux, mais assurément mauvais.

Respiration des Végétaux.

Les feuilles peuvent être considérées comme les organes respiratoires des végétaux; elles font l'office des poumons chez les animaux. La séve au but de son voyage ascendant, mise en contact par les nombreux stomates des feuilles avec l'air atmosphérique, en absorbe l'acide carbonique; cet acide, décomposé à son tour sous l'influence de la lumière, cède son carbone à la plante qui se l'assimile et se débarrasse d'une grande partie de l'oxygène. Ce phénomène, vraiment intéressant, ne peut se produire que dans un milieu éclairé, car l'effet contraire a lieu dans l'obscurité, puisque les plantes exhalent pendant la nuit, ainsi que cela est démontré maintenant, de l'acide carbonique au lieu d'oxygène qu'elles absorbent.

C'est à cette décomposition, provoquée par la séve à son maximum d'élévation et avec le concours des stomates que possèdent non-seulement les feuilles, mais toutes les parties vertes du végétal, qu'on a donné le nom de respiration.

On admet donc, dans les végétaux, deux sortes de respiration : la respiration *diurne* (*dies* jour, qui a lieu pendant le jour) et la respiration *nocturne* (*nocturnus*, qui se fait pendant la nuit).

Respiration diurne.

On peut donner à l'appui de cette théorie les expériences suivantes :

Sous une cloche de verre pleine d'air, mais disposée de telle sorte que cet air ne puisse être remplacé ou renouvelé, on met une plante et l'on expose cet appareil à la lumière. Dans cette situation, après un temps plus ou moins long, on trouve que l'air est singulièrement modifié, puisque la plus grande partie de son acide carbonique n'existe plus et que la quantité d'oxygène s'est accrue. On peut, dès lors, conclure qu'il y a eu absorption par la plante, et toujours sous l'influence de la lumière, de l'acide carbonique contenu dans l'air ; que cet acide a été décomposé et le carbone assimilé ; que la plante enfin conserve une certaine portion d'oxygène, dont la plus grande partie a été rejetée dans l'atmosphère.

Cependant on a lieu de croire que la plante ne tire pas seulement son carbone de l'acide carbonique atmosphérique, mais qu'elle en fournit elle-même, puisque ses tissus renferment une certaine proportion d'acide carbonique libre. — En effet, que l'on renferme dans la cloche une plante et une certaine quantité d'un gaz ne renfermant aucune trace d'acide carbonique ; que ce gaz soit de l'hydrogène ou de l'azote, on trouvera que la plante a encore exhalé de l'oxygène ; or, il est rationnel d'admettre que cet oxygène n'a été apporté là que par la décomposition de l'acide carbonique du végétal où il se trouve tout formé.

Respiration nocturne.

La respiration nocturne, ainsi que son nom l'indique est un phénomène qui se produit dans les plantes en l'absence de la lumière, phénomène dont les résultats sont opposés à ceux indiqués ci-dessus.

Si, nous servant du même appareil, nous renfermons dans l'obscurité un végétal quelconque, nous pourrons nous assurer que le gaz expiré est de l'acide carbonique au lieu d'oxygène, et que l'oxygène de l'air a sensiblement diminué.

On peut résumer ainsi les phénomènes qui se passent, soit pendant le jour, soit pendant la nuit, pour effectuer l'acte de la respiration :

1° Absorption pendant le jour d'une notable proportion d'acide carbonique qui est décomposé ;

2° Elimination d'oxygène au sein de l'atmosphère.

1° Absorption pendant la nuit d'une notable proportion d'oxygène ;

2° Elimination d'acide carbonique.

Il est un point essentiel à connaître, c'est que les parties vertes des végétaux sont seules soumises à ces alternances curieuses, tandis que celles qui, comme les racines et les autres parties de la plante ne sont pas vertes, n'offrent qu'un mode unique de respiration ; c'est-à-dire que, constamment, soit pendant le jour, soit pendant la nuit, elles absorbent de l'oxygène et rejettent de l'acide carbonique.

Les plantes privées d'oxygène meurent ; or, la théorie développée ci-dessus pèse d'un grand poids dans la balance de la vérité et vient confirmer cette opinion que les parties d'un végétal, qui ne sont pas vertes, n'absorbent jamais que de l'oxygène : Aussi les plantes se comportent-elles mieux au sein d'une terre meuble et perméable, dans laquelle l'air peut pénétrer, que dans un sol serré, dur et compacte.

Nous avons chaque jour, sous les yeux, de nombreux exemples de la modification profonde apportée par l'obscurité dans le plus grand nombre des végétaux; état singulier auquel les botanistes ont donné le nom d'*étiolement*.

L'étiolement est donc une altération du végétal; ses organes ne fonctionnent plus d'une façon normale ; ils cessent d'absorber de l'acide carbonique ; la plante blanchit.

L'expérience et le raisonnement nous fournissent l'explication de ces modifications; si nous admettons que c'est uniquement sous l'influence de la lumière que la plante vit, en rejetant l'oxygène et en gardant le carbone, nous sommes conduits à admettre aussi que, placée dans l'obscurité, elle perd incessamment son carbone qui est la base du *ligneux,* de la *chlorophylle* et la cause certaine de la variété de ses couleurs.

Les jardiniers, en soustrayant à la lumière un certain nombre de plantes alimentaires, dans le but de les faire blanchir et de les attendrir, ne font autre chose que de produire l'étiolement.

Tels sont le Céleri, la Chicorée sauvage et la Laitue. — C'est par la respiration, c'est en vertu des phénomènes chimiques qui se produisent dans cette période de la vie végétale, que la séve, ainsi modifiée, devient le véritable aliment de la plante.

Si nous comparons la respiration végétale à la respiration animale, nous ne pouvons nous empêcher d'établir un rapprochement.

Bien que les produits expirés et absorbés ne soient pas les mêmes, nous devons reconnaître que, en fin de compte, l'équilibre s'établit toujours au sein de cette admirable nature. En effet, si les animaux expirent ou rejettent constamment de l'acide carbonique, ils absorbent constamment aussi de l'oxygène qui est pour eux la source de vie; et si les végétaux accumulés sous la forme de bois et de forêts expirent des masses d'oxygène, il se produit forcément, on le comprendra, au sein de l'atmosphère, d'éternels échanges, qui ramènent à sa pureté primitive cet air vicié , essentiellement irrespirable et dangereux pour l'homme et les animaux.

Les expériences de MM. Schœnbein, Scoutetten et de Luca confirment encore la théorie que je viens d'exposer, car il paraît que l'oxygène qui est expiré par les plantes, sous l'influence solaire, est électrisé et possède cette précieuse et singulière propriété de décomposer, en les purifiant, toutes les vapeurs, tous les gaz provenant des matières en voie de décomposition putride.

C'est à cet oxygène, ainsi modifié, que l'on a donné le nom d'*ozone*.

13ᵉ Conférence.

Séve élaborée, Cambium et Latex.

Nous avons dit que la séve ascendante était profondément changée par son contact avec l'air atmosphérique et que, par l'acte de la transpiration et de la respiration, elle devenait plus dense en perdant une partie de son eau.

On comprendra facilement que, concentrée ainsi et modifiée sous l'influence de l'air, elle prenne une influence considérable au point de vue de la nutrition des organes.

C'est à cette séve concentrée qu'on a donné le nom de *séve élaborée*. Il ne peut donc y avoir aucune ressemblance entre elle et la séve ascendante , puisque cette dernière est un liquide peu chargé de principes nutritifs non modifiés, tandis que la séve élaborée en est extrêmement riche, au contraire.

Le *cambium* (du latin *cambium* change , tranformation)

que nous n'avons fait qu'indiquer en parlant de la tige, doit naturellement trouver ici sa place.

· D'après Duhamel, le cambium a quelque analogie avec la gomme; il est liquide, gluant, mucilagineux, d'une saveur douceâtre, sans odeur, et réside ordinairement entre le bois et l'écorce au printemps et en été.

Il peut être considéré comme un produit de la séve élaborée par toutes les parties vertes, feuilles et bourgeons, et par le fait même de l'exhalation et de la respiration; sous cette influence, il devient plus dense, plus visqueux, passe de l'état globuleux à l'état cellulaire et forme alors de nouvelles parties d'écorce et d'aubier.

Le cambium est donc destiné à l'accroissement du végétal.

Tous les arbres en contiennent, mais les plantes herbacées en sont très-pauvres.

Le *latex* est un suc particulier qui paraît être fourni par la séve élaborée et auquel on a donné le nom de *suc propre;* ce produit est contenu dans des vaisseaux que l'on nomme *laticifères,* sortes de réservoirs dans lesquels se forment des sucs résineux ou gommeux, plus ou moins colorés, toujours ou très-souvent caustiques et vénéneux. C'est le latex qui, sous l'apparence d'un liquide jaune, se montre dans la Grande Éclaire, *Chelidonium majus;* c'est le latex qui s'écoule de toutes les tiges des Euphorbiacées, semblable à un suc laiteux; on le trouve encore dans la Laitue, *Lactuca virosa,* dans le Figuier, le Mûrier, etc., etc.

Le latex peut être comparé, jusqu'à un certain point, au sang des animaux, car il a comme lui la propriété de se coaguler.

Si l'on réfléchit à ce phénomène, on s'expliquera sans peine que, soumis à l'action de l'air, ces liquides chargés pour la plupart des produits résineux cèdent à l'air une certaine quantité d'eau, et que, par le fait même de cette évaporation, les corps insolubles ne trouvant plus la quan-

tité de dissolvant nécessaire, se séparent, se divisent sous
la forme de globules plus ou moins colorés, et finiraient
certainement, si l'évaporation était complète, par former
des extraits dont les propriétés seraient extrêmement actives
et dangereuses.

On peut donc raisonnablement admettre que le latex est
une production de la séve élaborée, et que les principes
actifs des végétaux ne sont dus qu'à la présence de la séve
descendante.

C'est encore la séve élaborée qui doit produire dans les
fleurs et dans les fruits, à l'aide de matériaux divers, ces
substances insolubles, soit résineuses, soit de nature cireuse
que l'on y rencontre si souvent et auxquelles on a donné
le nom d'*excrétions*.

Si nous admettons que les végétaux puisent dans la séve
élaborée les matériaux nécessaires à leur développement,
nous admettrons aussi qu'ils expulsent certaines matières
nuisibles qui, si elles n'étaient éliminées, viendraient assurément troubler l'équilibre déterminé par la nature.

Tantôt cette exsudation se présente sous la forme d'une
poussière verdâtre insoluble, comme on le remarque sur
les feuilles du Chou, sur les Prunes et les Raisins; tantôt
elle apparaît sous la forme d'un corps soluble dans l'eau et
constitue la Gomme : c'est encore à cette excrétion que l'on
doit les différentes espèces de térébenthines et cette substance sucrée, la Manne, produite par le Frêne à fleurs,
Fraxinus Ornus.

Pour obtenir ces différents corps en quantité notable, on
est dans l'habitude de pratiquer à certaines époques, soit
au printemps, soit à l'automne, sur les tiges ou sur l'écorce
de ces arbres, des incisions plus ou moins profondes, qui
permettent ainsi l'écoulement de ces sucs.

Tel est le résultat de la nutrition que l'on peut définir
ainsi : absorption par les plantes d'agents extérieurs qui,
décomposés ou modifiés, forment ce que l'on appelle la

séve élaborée et le latex; formation de nouveaux tissus et création de substances faisant partie du tissu même ou expulsées par lui.

Substances diverses produites par la séve élaborée dans les tissus des végétaux.

Les substances que l'on rencontre assez communément dans les tissus des végétaux sont nombreuses ; ce sont :

Les fécules, le sucre de Raisin ou de fruits, le sucre de Canne et de Betterave , les gommes, les huiles fixes , les huiles volatiles ou essences, le camphre, les résines, les gommes-résines, les baumes, les cires, le caoutchouc, l'opium et des acides.

Les fécules sont ordinairement fournies par les céréales, par certaines Légumineuses comme les Lentilles, les Haricots, les Fèves.

On donne le plus souvent le nom de fécule à la substance amylacée retirée des Pommes de terre, des Ignames, etc., et de toutes les plantes qui la renferment soit dans leurs tubercules, soit dans leurs racines, soit dans leurs tiges.

C'est ainsi que la fécule, connue sous le nom de *Sagou*, est produite par la moelle du *Sagus farinifera*, divisée, délayée dans l'eau, passée au crible, mise en pâte et enfin réduite en petits grains que l'on fait sécher; c'est ainsi que la substance, qui porte le nom de *Tapioca*, est extraite des racines du *Manihot edulis*, de la famille des Euphorbiacées : ces racines râpées sont soumises à la presse dans des sacs et laissent écouler un suc qui, abandonné au repos, laisse déposer la fécule.

Tout le monde sait que l'amidon est produit par le Blé, les Orges, le Seigle, le Maïs, le Riz , etc., etc., auxquels on a fait subir une sorte de fermentation destinée à détruire le gluten qui le retient ; qu'il suffit de râper les Pommes de terre, d'en laver la pulpe et de la passer au tamis pour en retirer, par le repos, ce que nous appelons la fécule.

Le sucre est presque aussi commun dans les végétaux que l'amidon. Il peut être fourni par la séve de plusieurs arbres tels que l'Erable, *Acer saccharinum*, par le *Cocos nucifera*, par le Palmier d'Aren, *Arenga saccharifera;* mais le sucre le plus ordinairement employé est celui que nous fournit la Canne, *Saccharum offiicinarum*, de la famille des Graminées, et le sucre de Betterave, *Beta vulgaris*, de la famille des Chénopodées.

On le rencontre aussi en assez grande quantité dans le *Sorgho*, plante graminée, et dans un très-grand nombre de végétaux.

Il est un phénomène vraiment digne de remarque, c'est la transformation que peut subir la séve à différentes époques de la vie du végétal; ainsi, M. Biot a reconnu, et cela est prouvé aujourd'hui, que souvent, sur le même sujet, on trouve deux sucres de nature différenté, c'est-à-dire que, vers le printemps, au moment où la séve se réveille et prend sa course, le sucre formé a la composition du sucre de Raisin et contient plus d'eau, tandis qu'à une époque plus éloignée, la séve étant modifiée dans son parcours par son contact avec l'air et par la transpiration qui l'a débarrassée d'une certaine quantité d'eau, donne dans les parties élevées du végétal du sucre de Canne.

En effet, l'analyse a démontré que le sucre de Raisin renferme d'une façon normale beaucoup plus d'eau que le sucre de Canne, qu'il ne cristallise pas , mais se convertit en mamelons, tandis que le sucre de Canne cristallise, au contraire, en prismes plus ou moins volumineux, suivant le degré de concentration de la liqueur.

Les gommes sont produites par quelques arbres tels que les Abricotiers, les Cerisiers, les Pruniers, etc., etc.; elles sont le résultat de l'exsudation. La gomme arabique est fournie par l'*Acacia arabica*, et la cérasine ou gomme du pays, *gummi nostras*, est l'excrétion des Cerisiers.

Les huiles fixes ou huiles grasses sont celles que la chaleur ne volatilise pas; elles tachent le papier d'une façon presque indélébile; telles sont les huiles d'Olive, de Noix, d'OEillette, de Lin, etc., etc.

Les huiles *volatiles* ou *essentielles* sont toujours odorantes; elles disparaissent sous l'influence de la chaleur; ce sont les essences de Térébenthine, de Citron, de Bergamote, de Menthe, d'Anis, etc., etc.

Les *résines* sont des substances que l'on croit être produites par la modification des huiles volatiles et seraient, dit-on, une oxydation de ces huiles.

Les *gommes-résines* sont des corps formés en proportions variables de gomme et de résine; elles sont insolubles dans l'alcool pur et dans l'eau, mais se dissolvent facilement dans l'alcool affaibli. Ces gommes-résines sont produites par un assez grand nombre d'Ombellifères, de Légumineuses et de Térébinthacées. On peut citer parmi elles l'Ase fétide du *Ferula asa fœtida*, le Galbanum du *Bubon galbanum*, le Sagapenum du *Ferula persica*, etc.,

Les *cires* sont aussi le produit de la séve élaborée; beaucoup de végétaux en renferment une assez grande quantité, tandis que la cire animale ne nous est donnée que par deux ou trois insectes. Ceux dont la séve contient la cire en abondance ou en quantité remarquable sont : dans l'Amérique du nord, le *Myrica pensylvanica;* dans l'Afrique australe, le *Myrica esculenta;* certains Muscadiers tels que le *Myristica sebifera*, le *Myristica bicuyba*, quelques Palmiers, le *Ceroxylon andicola*, du Pérou, fournissent aussi de la cire.

C'est encore à la séve élaborée connue sous le nom de latex, dont nous avons déjà parlé, qu'on doit les sucs propres tels que le Jalap (*Convolvulus jalapa*), purgatif fort employé; la Scammonée (*Convolvulus scammonia*), résine purgative énergique; la Strychnine (*Strychnos nux vomica*), noix vomique, poison des plus violents; l'*Upas tieute*, poison terrible également tiré des Strychnos, dans lequel les Indiens trempent leurs flèches. Mais un des sucs propres les plus précieux est sans contredit l'Opium *Papaver somniferum* cultivé en Orient. C'est par des incisions faites à la capsule ou tête que ce produit s'échappe, sous l'apparence d'un liquide blanc qui, soumis à l'air et à la lumière, prend une teinte foncée et s'épaissit au point de pouvoir être converti en pains; c'est l'Opium brut. C'est de l'Opium que sont extraites la morphine, la codéine, la narcotine et et quelques autres produits.

Certains végétaux fournissent aussi des acides qui méritent d'être mentionnés; c'est ainsi qu'on trouve de l'acide *acétique* libre ou combiné dans un grand nombre de fruits et dans la séve de tous les végétaux. On le produit par la fermentation du vin, par la distillation du bois; dans ce dernier cas, on pense qu'il s'est formé aux dépens de la fécule et de la *lignine,* substance composée qui donne au bois et aux plantes ligneuses leur solidité et leur dureté; c'est ainsi qu'on trouve dans les Pommes, les Poires, les Cerises, etc., etc., l'acide *malique;* dans les Citrons, les Oranges et dans toutes les Hespéridées, l'acide *citrique;* et l'acide *oxalique* combiné à la chaux ou à la potasse, dans les Oseilles, les Iris et les Valérianes.

Matières tinctoriales.

Le règne végétal produit des substances qui sont pour l'industrie d'une importance extrême, mais comme elles sont le plus souvent le résultat de combinaisons diverses, nous nous occuperons tout d'abord de la matière verte des végétaux, connue sous le nom de chlorophylle, matière si importante au point de vue de la nutrition.

On attribue à la chlorophylle la même origine que celle des résines; comme les résines, elle est soluble dans l'alcool et dans l'éther; on croit qu'elle est une sorte de résine modifiée, dissoute dans la séve, et qui se trouve répandue dans presque tous les tissus végétaux.

11

Quant aux matières colorantes des fleurs, les données sont trop incertaines jusqu'alors pour qu'on puisse formuler une théorie satisfaisante. Ce que l'on a pu remarquer à ce sujet, c'est que la matière colorante des fleurs n'est plus de même nature que celle des feuilles : Ainsi, dans les feuilles, la chlorophylle recouvre toujours les granules amylacés et, quelque précaution qu'on prenne pour l'en séparer, on ne peut obtenir qu'une gelée verte; dans les fleurs, au contraire, on ne distingue pas de granules, et l'on est toujours en présence d'un liquide rouge, jaune ou bleu, etc., suivant que les fleurs sont rouges, jaunes ou bleues.

Les matières tinctoriales les plus employées sont :

L'*indigo*, substance bleue produite par plusieurs espèces d'Indigotiers, *Indigofera;* le suc de ces plantes est incolore lorsqu'il fait partie des tissus, mais, dès qu'il en est extrait, il passe au vert, puis au bleu et, par une sorte de fermentation, laisse déposer l'indigo.

Le Tournesol est bleu; il est produit par certains Lichens.

L'Orseille, dont la couleur est rouge-violacé, est tirée du *Roccella tinctoria*, lichen fort abondant dans les îles voisines des Canaries.

L'Orcanette est fournie par l'*Anchusa tinctoria;* toutes les matières grasses s'emparent facilement de son principe colorant rouge.

Le Curcuma, *Curcumaea tinctoria*, donne une couleur d'un beau jaune.

Le nombre de ces matières est considérable et leur histoire formerait de nombreux volumes; aussi me suis-je borné à indiquer les plus importantes.

Il est impossible de ne pas être surpris en songeant qu'avec les corps contenus dans l'atmosphère, c'est-à-dire l'oxygène, l'hydrogène, le carbone et l'azote, qu'avec ceux qui sont fournis par la terre et qui sont l'eau, les substances ammoniacales et les sels solubles, la nature puisse donner naissance à des produits si nombreux, si différents les uns des autres par leurs propriétés et leurs couleurs.

L'expérience et l'analyse ont démontré que ces éléments, combinés dans des proportions variables, étaient la source de ces remarquables changements dans les principes actifs des végétaux.

Ainsi, il est reconnu 1° que l'oxygène et l'hydrogène unis dans les proportions convenables à la formation de l'eau, plus du carbone, donnent naissance à des substances neutres qui sont : la *cellulose*, l'amidon, la dextrine, la gomme, le sucre et le glucose.

Ces substances, toujours formées de trois éléments, portent le nom de *corps ternaires neutres*.

2° Que les substances dans lesquelles l'hydrogène est en proportion beaucoup plus forte que l'oxygène, au lieu d'y être en proportions égales à celle de l'eau et qui sont également riches en carbone, composition qui les rend éminemment combustibles, donnent naissance au *ligneux*, aux *résines*, aux *huiles essentielles* (essences), aux *huiles grasses*, au camphre, etc., etc. Ces substances sont appelées corps ternaires très-hydrogénés.

3° Que les substances dans la composition desquelles l'oxygène est en proportion plus forte que l'hydrogène, sont *acides;* tels sont les acides acétique, citrique, malique, tartrique, pectique, gallique, tannique et oxalique.

Ce sont les *corps ternaires acides*.

Enfin, on donne le nom de *principes immédiats quaternaires* à ceux dont la composition offre un quatrième élément qui est l'azote ; on les appelle aussi principes *albuminoïdes* ou *protéiques*, allusion ingénieuse sans doute à ce personnage mythologique, Protée qui, passant pour connaître l'avenir, était obsédé sans cesse par ceux qui désiraient l'apprendre, et revêtait alors toutes sortes de formes pour échapper à leurs obsessions. Ainsi, la *fibrine*, l'*albumine*, la *glutine*, la *caséine*, la *légumine*, l'*amandine*, possèdent les mêmes éléments que la fibrine animale. Il y a, du reste, une telle analogie entre ces substances et celles tirées du règne animal que, bien souvent, on leur a donné le nom de matières *végéto-animales*.

Semblables par leur formule chimique, on les reconnaît aux caractères suivants : les unes sont dissoutes par l'eau, ce sont l'albumine, la légumine et l'amandine; la fibrine est insoluble soit dans l'eau, soit dans l'alcool froid ou bouillant, tandis que la glutine est soluble dans l'alcool froid et la caséine dans l'alcool bouillant.

Autre particularité : l'albumine est coagulée par la chaleur, la caséine par l'acide acétique, et la légumine ne devient coagulable que sous l'influence des substances calcaires; aussi, comprendra-t-on facilement pourquoi certains légumes, les haricots, par exemple, qui ont pour principe la légumine, durcissent quand on les soumet à la cuisson dans une eau calcaire.

Substances salines ou minérales des végétaux; leur origine.

Nous savons que les végétaux ne peuvent vivre que dans deux milieux, l'air et la terre; or, si dans l'air ils trouvent l'oxygène, l'hydrogène, le carbone et l'azote, la terre doit nécessairement leur fournir des substances solides de différentes natures qui, combinées à des acides, puis entraînées par la force végétative, sont distribuées dans toutes les parties du végétal. Lorsque nous opérons la combustion des plantes, nous trouvons pour résultat des cendres, dont l'analyse décèle une origine minérale. — Ainsi, on trouve de la *potasse,* de la *soude,* de la *chaux,* du *fer,* de la *silice,* de la *magnésie* et quelquefois de l'*alumine.*

Mais toutes ces substances ne sont pas solubles; il doit donc se passer, au sein de la terre, des phénomènes chimiques, sous l'influence desquels a lieu leur décomposition.

Il existe dans le sol de l'eau en plus ou moins grande

quantité; c'est elle qui s'empare d'abord des sels solubles, pour les transmettre par absorption à l'aide des racines; puis, de nouvelles réactions s'opérant sans cesse, les sels insolubles tels que le carbonate de chaux, les phosphates, les oxydes de fer sont convertis en sels solubles par l'acide carbonique dont les sols contiennent toujours une assez forte proportion.

Les calculs faits à cet égard méritent d'être signalés :

Si l'acide carbonique existe en quantité relativement peu considérable dans l'air, c'est-à-dire dans la proportion de deux ou trois dix millièmes, cette proportion devient étonnante, si on la compare, si l'on établit le calcul sur la masse atmosphérique du globe : or, le carbone produit par cette masse, serait d'environ 1,500 billions de kilogrammes; tous les végétaux qui couvrent la surface terrestre seraient loin de fournir une telle quantité de carbone.

L'assimilation de ces corps est donc facile à comprendre maintenant, et l'on peut dire qu'elle est le résultat de trois effets différents, savoir :

1° Effet chimique;

2° Effet physiologique;

3° Effet physique.

Par l'effet chimique, décomposition de l'air et de l'eau; formation d'oxygène, d'hydrogène, de carbone et d'azote, éléments qui, séparés et absorbés, deviennent la base du végétal. Par l'effet physiologique, combinaison de tous ces éléments dont le résultat est la naissance des principes immédiats des végétaux.

Par l'effet physique, absorption et distribution dans la plante entière des substances inorganiques que nous trouvons dans le résultat de la combustion.

La Potasse et la Soude existent en abondance dans tous les végétaux, mais les plantes de certaines régions en renferment, tandis que celles d'autres régions n'en contiennent pas; ainsi, toutes les plantes qui vivent près des bords

de la mer renferment de la soude, dont la proportion diminue et disparaît à mesure que l'on s'en éloigne.

Le *Salsola soda*, plante marine, fournit environ 30 p.
100 de carbonate de soude après l'incinération, et le *Che-
nopodium setigerum*, employé dans la préparation des
soudes d'alicante, en contient 15 p. 100. On trouve de la
potasse dans toutes les autres plantes et surtout dans l'Ab-
synthe, le Tabac, l'Ail, le Marronnier, la Pomme de terre, la
Fève, etc., etc.

La Chaux n'est jamais à l'état libre dans les végétaux;
elle n'y existe que combinée et donne naissance à des sels
solubles et insolubles. Elle peut former des chlorure, azo-
tate, sulfate, oxalate, malate, phosphate, etc., etc. Ainsi,
on trouve le sulfate de chaux dans la Bryone et dans la racine de Rhubarbe; le Phosphate dans la racine de Pivoine,
de Réglisse, dans le suc des Borraginées, de l'Ortie, de la
Pariétaire, etc., etc.

Le Fer se trouve dans les végétaux en proportions toujours peu considérables; cependant, on a lieu de croire
qu'il exerce une action favorable au développement et à
l'apparence des plantes.

La preuve en est dans l'exemple suivant :

Un Hortensia, placé dans une terre ferrugineuse, donne
des fleurs bleues; un autre Hortensia, placé dans un terrain non ferrugineux, mais arrosé d'eau contenant une
faible proportion de sulfate de fer, donne également des
fleurs bleues. L'Hortensia ayant ordinairement des fleurs
blanches ou roses, on est en droit de conclure que le fer en
a modifié la couleur.

Le fer entre aussi dans la composition de la chlorophylle;
on l'y a trouvé, et c'est à l'aide d'arrosages avec l'eau légèrement sulfatée ferrugineuse, que l'on redonne la vigueur
aux plantes étiolées.

La Silice existe dans les tissus des végétaux, mais comme
elle est insoluble, on a lieu de croire qu'elle n'y est intro-

duite qu'à l'état gélatineux, qui la rend un peu soluble ; ou que, dissoute sous l'influence d'un alcali, elle a pu être entraînée, puis décomposée par les acides qui se forment dans l'acte de la végétation. Cette hypothèse est vraisemblable.

L'épiderme du Bouleau, *Betula alba* fournit des cendres qui contiennent........... 70 p. 100 de silice.

La balle du Froment....... 70 — —

L'Orge .... 57 — —

Le Maïs............... 20 — —

Le Roseau de Provence.... 4 à 5 p. 100 —

Le Magnésie est commune dans les végétaux ; le plus souvent elle est combinée aux acides organiques, comme l'acide oxalique, pour former de l'oxalate de magnésie. Elle est à l'état de phosphate dans la Bryone et la Ciguë.

De tous ces corps, il en est deux qui doivent occuper le premier rang, au point de vue de la nutrition et du développement des plantes ; ce sont les phosphates de chaux et de magnésie. En effet, il résulte des expériences de M. Boussingault et d'autres agronomes, qu'un hectare de terrain qui a donné du Blé, cède à toutes les parties de cette Graminée 18 à 19 kilogrammes d'acide phosphorique ; que, pour une récolte de haricots prise dans une égale quantité de terrain, on en trouve 15 kilogrammes.

Il est un point capital en agriculture, c'est que, comme l'a dit M. Boussingault, les phosphates n'ont d'efficacité sur la végétation que lorsqu'ils peuvent se combiner aux matières azotées ; de même que les matières azotées, susceptibles d'être assimilées, ne peuvent agir efficacement, à titre d'engrais sans leur combinaison avec les sels alcalins et les phosphates.

Les plantes d'une même espèce ne peuvent toujours se développer convenablement dans le même terrain ; elles y souffriraient et donneraient des produits inférieurs. Les Céréales, par exemple, qui contiennent une proportion remarquable de silice, appauvrissent le sol de cette substance ;

or, ce terrain épuisé ne peut plus convenir aux céréales et il faut avoir recours aux *jachères* ou au système d'*assolement*.

Jachères et assolements.

La jachère consiste dans le repos plus ou moins long de la terre fatiguée, épuisée par la récolte ; sous l'influence de ce repos, de labours successifs et surtout de l'action atmosphérique, les éléments constitutifs de la terre se transforment, se combinent et produisent des matières dont la solubilité vient l'enrichir et la rendre aussi féconde qu'elle était.

Mais alors que de temps et de produits perdus !

La science, infatigable, toujours en quête d'améliorations et de perfectionnements, a détruit ces erreurs ; les jachères ont fait leur temps.

L'analyse a démontré que le secret de l'agriculture était de faire rendre à la terre, d'une manière incessante et sans l'épuiser, la plus forte somme de produits.

Ce secret est connu aujourd'hui, car nos fermiers intelligents savent qu'il ne faut donner au sol, chaque année, que des végétaux qui, sans le fatiguer, lui empruntent seulement les éléments nécessaires à leur espèce ; en sorte que, telle espèce qui aura vécu dans un terrain et qui se sera nourrie de l'un de ses éléments, sera remplacée par telle autre espèce exigeant d'autres éléments.

Avec une pratique semblable, on comprendra aisément qu'au bout d'un certain temps, le sol refait, pour ainsi dire, peut recevoir de nouveau les plantes qu'il avait autrefois nourries. — Tel est le système des assolements.

Des végétaux cryptogames ou plantes acotylédonées.

Si nous établissons un point de comparaison entre les végétaux phanérogames et les végétaux cryptogames, nous reconnaissons que , dans les premiers, il existe un mode de végétation et de reproduction bien distinctes, tandis que dans les seconds, il ne règne, la plupart du temps, que des cellules au milieu desquelles il est sinon impossible, au moins très-difficile de découvrir et les organes propres à la nutrition et ceux destinés à la génération.

Quelques botanistes ont nié l'existence de parties sexuelles dans les plantes acotylédones ; mais Linné, moins absolu, leur a donné le nom de *cryptogames* (du grec *cryptos,* caché, et *gamos*, mariage), parce qu'il supposait, et avec raison, que la reproduction ne pouvait avoir lieu que par l'union de sexes, dont l'exiguité est telle que les instruments alors en usage étaient inhabiles à déceler.

Il est si difficile d'étudier ces végétaux, que M. Hooker, savant botaniste, qui a fait, il y a longtemps déjà, sur certains cryptogames des études approfondies, disait : « Je » sens que plus j'avance dans la connaissance de ces » petits végétaux si curieux, plus je trouve de difficultés » dans la détermination de leurs organes sexuels, et je de- » mande de déclarer que je ne suis partisan ni du système » d'Hedwig, quelque ingénieux qu'il soit, ni de celui de » Richard sur les agames. »

Mais, la science a marché, les progrès se sont accentués, les instruments ont été perfectionnés et des résultats étonnants sont venus couronner tant de labeurs et tant de peines. Aujourd'hui, on reconnaît que les végétaux cryptogames peuvent offrir plusieurs modes de génération, et il est probable que ceux dans lesquels ces caractères ne sont pas bien déterminés, bien tranchés, sont soumis à la même loi, mais avec des dispositions et des situations différentes. Or, d'après les études les plus récentes, il est démontré que ces végétaux, que l'on peut appeler *inférieurs*, possèdent des organes reproducteurs définis, auxquels on a donné le nom d'*Anthéridies*, pour les organes mâles, et celui de *Sporanges* ou d'*Archégones,* pour les organes femelles. Etablissons la différence qui existe entre ces deux organes et cherchons à expliquer leur action.

Anthéridies.

Les Anthéridies sont des sortes de poches fermées de toutes parts, renfermant un liquide épais et visqueux qui, à l'époque de la fécondation, se répand au dehors. Ces réservoirs affectent des formes différentes : ou bien ils font saillie sur le végétal, ou bien ils se présentent semblables à des dépressions sensibles et sont alors emprisonnés dans la masse cellulaire. Ce sont les organes mâles. On peut comparer le contenu de ces réservoirs au pollen des autres végétaux, car, comme lui, il renferme un nombre considérable de corpuscules qui, semblables encore à ceux des phanérogames, paraissent véritablement animés ; chacun de ces atomes est muni d'une partie longue et effilée, toujours agitée et présentant les formes les plus diverses ; il en est qui ont l'aspect de rubans ou qui sont spiraliformes ; d'autres qui sont en cercles ou qui, renflés à une extrémité, sont très-allongés à l'autre extrémité ; on a donné à ces corps le nom de *Phytozoaires* ou d'*Anthérozoïdes*, bien qu'ils n'aient aucun rapport avec le règne animal.

Sporanges ou Archégones.

Les Sporanges ou Archégones, que l'on compare au pistil ou à l'organe femelle des végétaux phanérogames, ont réellement une certaine ressemblance avec lui : ainsi, dans les Mousses, l'archégone se montre sous l'apparence d'un renflement celluleux, dont la base peut être considérée comme l'ovaire, le sommet allongé comme le style, et enfin l'évasement de cette extrémité comme le stigmate. Ce sont les organes femelles.

Ordinairement ces renflements sont remplis de tissu cellulaire, dont une des vésicules grossit, s'étend en forme

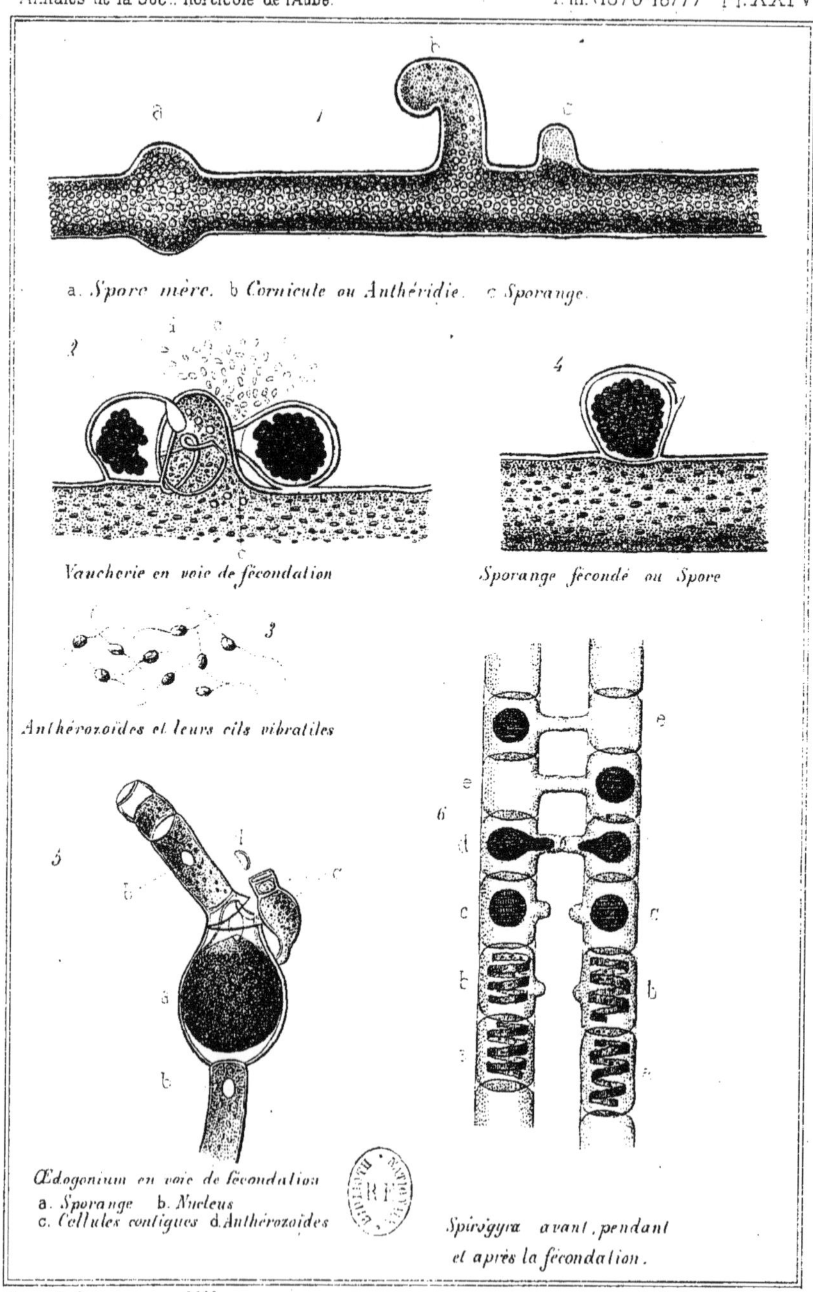

REPRODUCTION DES CRYRTOGAMES

d'utricule, se sépare en quatre parties et souvent en un plus grand nombre. Bientôt toutes ces utricules libres se gorgent d'un liquide chargé de granulations qui se recouvrent chacune d'une membrane particulière. Ce sont ces utricules qui, ayant subi le contact des phytozoaires, forment ce que l'on nomme *Spore* (du grec *Spora*, semence), puisque, chez les cryptogames, ce corps représente la semence des phanérogames ou en est l'analogue.

Ces Spores, mises dans des conditions convenables, ne tardent pas à germer et à se développer en un être parfaitement semblable à celui dont il est sorti.

Fécondation et reproduction sexuelle.

Si nous examinons une des plantes les plus simples comme organisation, la Vauchérie, par exemple, qui se développe dans les eaux douces, nous verrons en *a* (pl. XXIV, fig. 1) la *Spore mère;* puis en *b*, au moment où la nature les dispose à la fécondation, une espèce de tube creux qui, s'allongeant, prend la forme d'un crochet arrondi, c'est le *Cornicule*. Peu de temps après cette apparition, et dans la même région, se développe en *c* un autre corps arrondi qui est le *Sporange;* ces deux appendices sont en contact avec la cellule qui les produit, se garnissent de la même substance et se trouvent bientôt isolés par la présence d'une cloison *c* qui surgit (pl. XXIV, fig. 2). Dès lors, les rôles changent; la matière colorante du cornicule est détruite, les phytozoaires ou anthérozoïdes abondent et l'organe mâle est formé (pl. XXIV, fig. 3).

Mais un autre phénomène se produit dans le second appendice ou sporange; la coloration primitive n'a pas changé; une matière visqueuse s'y développe pour en être bientôt expulsée par la partie supérieure *d;* à la suite de cette expulsion, il y a production de vide, dans lequel des anthérozoïdes pénètrent et se mettent en contact avec la substance verte du Sporange. C'est ainsi que s'accomplit l'acte de la fécondation.

Alors, la matière fécondée, protégée par une membrane spéciale (pl. XXIV, fig. 4), constitue ce que l'on appelle une spore qui, se détachant de la plante mère, pourra germer et fournira un être en tout point semblable à celui qui lui a donné la vie.

Si nous observons une autre plante cryptogame d'eau douce, nous verrons que dans un *Œdogonium,* par exemple, le mode de reproduction est différent.

Dans les Algues, les cellules empruntent des formes qui peuvent être rapportées à trois types ; les unes sont longues, les autres volumineuses, les troisièmes sont courtes. Les cellules les plus grosses que l'on voit en *a* (pl. XXIV, fig. 5) sont les sporanges ou organes femelles ; les cellules courtes donnent naissance à un noyau ou *nucleus b*, situé au centre de chacune d'elles ; ce noyau se détache, et par une série d'évolutions au sein du liquide, parvient à se fixer sur le sporange. L'*androspore*, c'est le nom qu'on donne à ce noyau, se transforme en deux cellules contiguës *c*, qui, par leur rupture, laisseront échapper un anthérozoïde *d* destiné à la fécondation. Alors, le liquide épais et visqueux contenu dans le sporange tend à s'échapper, il le rompt, s'échappe en effet et, dans le vide produit par cette soustraction, s'introduit un anthérozoïde. La fécondation est opérée. — La spore fécondée prend une membrane propre, se détache et se développera bientôt en un nouveau sujet exactement semblable à la plante mère.

Reproduction des plantes asexuées (privées de sexes).

Il est parmi les végétaux cryptogames, dans les Algues, des particularités étonnantes ; ainsi, les unes opèrent leur reproduction à l'aide d'organes sexuels bien distincts, nous venons de les étudier ; les autres paraissent privées de ces organes : il n'a pas été permis, jusqu'alors, de rien découvrir qui puisse faire croire à une fécondation sexuelle. Les phénomènes que l'on observe dans ces plantes, à l'époque de leur reproduction, sont très-simples et se bornent à ceci : La plante est formée d'une sorte de chlorophylle ; cette matière verte et mucilagineuse se divise en plusieurs parties sphériques, entourées chacune d'une enveloppe particulière. La cellule qui les contenait se rompt, les corpuscules s'en échappent, tournoient, s'agitent en tous sens dans l'eau et parviennent enfin à se fixer au premier obstacle venu, à l'aide de poils ou de cils dont ils sont garnis. Alors, le mouvement cesse, les poils tombent et ce nouveau corps, se développant à son tour, prend les mêmes formes que la plante mère.

Dans le *Spirogyra,* le système de reproduction est encore différent : deux de ces plantes sont placées en face l'une de l'autre (pl. XXIV, fig. 6). En *a*, on remarque une espèce de ruban roulé en spirale, c'est l'*endochrome,* substance colorante des végétaux inférieurs ; en *b*, le développement latéral de chaque cellule pour ne former qu'un seul tube par leur jonction ; en *c*, l'endochrome se contracte dans les deux cellules et se convertit en un globule ; l'un de ces globules s'allonge à son tour en *d*, vient se fondre avec celui qui lui est opposé, après avoir détruit la membrane qui les séparait ; de sorte qu'en *e*, l'une des cellules est vide et l'autre pleine : La fécondation est accomplie.

Le nouveau corps formé est encore une spore qui ne tardera pas à se développer. Ce mode de fécondation ou de reproduction a reçu le nom de reproduction par *conjugaison.*

Dans les Fougères, la germination et la reproduction sont extrêmement curieuses.

On a cru pendant longtemps que, dans les Fougères, le système de reproduction était le même que dans les autres cryptogames, et l'on donnait le nom d'organes mâles aux poils écailleux qui accompagnent ordinairement les spores, et le nom d'organes femelles aux spores elles-mêmes.

Après les études de M. Nægeli, en 1844, et de M. Thuret, en 1848, on reconnut cette erreur.

Selon ces physiologistes, on découvre sur la première partie d'une Fougère qui se développe et qu'on nomme *protophylle* ou *pro-embryon* (première feuille), certains organes de formes variables qui peuvent être comparés aux anthéridies. — Au début, ces organes, qui semblent être des cellules, sont gorgés de matière verte qui ne tarde pas à disparaître pour faire place à des anthérozoïdes spiraliformes, portant chacun un grand nombre de poils qui, lors de leur expulsion de l'anthéridie, servent à développer chez eux le mouvement singulier dont nous avons déjà parlé.

Sur ce pro-embryon ou protophylle, on trouve un autre organe qui est considéré comme l'organe femelle ; c'est l'Archégone.

Bien que les théories admises soient encore enveloppées de voiles mystérieux, les études approfondies de M. Hofmeister sur ce sujet permettent de croire que, dès sa formation, le pro-embryon se couvre de sporanges ; que des anthérozoïdes s'échappant alors du pro-embryon, en couvrent la surface et pénètrent dans les archégones pour en opérer la fécondation.

Après l'apparition du pro-embryon se développe la tigelle avec des feuilles munies de sporanges, puis enfin des racines apparaissent.

Ordinairement, les tiges sont souterraines ou rampantes, mais on en trouve qui sont aériennes et qui atteignent des proportions considérables. Dans les Indes orientales, par exemple, on en rencontre (les Alsophylles) qui ont 15 à 20 mètres de hauteur.

Dans les Fougères à tiges souterraines, les feuilles se développent au sommet du rhizome, tandis que dans celles qui ont des tiges arborescentes, elles sont en séries régulières ou en anneaux ; leurs feuilles sont toujours roulées en crosse avant l'épanouissement et peuvent être simples, composées, nerviées ou bifurquées.

Généralement, on trouve dans toutes ces plantes cryptogames le même mode de reproduction, c'est-à-dire des anthéridies et des sporanges ; la spore donne toujours, par la germination, un pro-embryon muni de ces organes.

Les Champignons.

Le Champignon (de l'italien *Campinione*, et du latin *Fungus*) est encore une plante cryptogame ou acotylédonée, dans laquelle on ne rencontre jamais ni feuille, ni fleur, ni fruit. En général, ils n'ont qu'une existence éphémère, ils ne vivent que quelques jours ou quelques heures. Leur consistance est variable ; il en est qui sont durs et ligneux, d'autres charnus et gélatineux, et les couleurs qu'ils affectent sont aussi très-variées.

On distingue dans les Champignons huit organes différents, qui sont : 1° la *racine ;* 2° le *volva* (du latin *volvere*, entourer) ou enveloppe de la plante ; 3° le *stipe* ou pédicule, partie qui supporte le chapeau ; 4° le *tégument* ou membrane qui, partant de la partie supérieure de ce pédicule, enveloppe entièrement le chapeau ; 5° le *chapeau* ou réceptacle ; 6° la membrane qui renferme la semence et dont la formation est due à des utricules nommés *thèques ;* 7° les *capsules,* sortes de poches membraneuses qui portent les spores ; 8° et enfin les *spores,* qui peuvent être considérés comme les graines destinées à la reproduction.

La germination des Champignons s'opère à l'aide de granulations sphériques, dont le développement donne lieu à des filaments formant des cloisons ou simples ou réticulées, dans lesquelles prend naissance le *mycelium* ou blanc de Champignon. M. Léveillé, naturaliste distingué, donne du mycelium la définition suivante : « filaments d'abord simples, puis plus ou moins compliqués, résultant de la végétation des spores et servant de support et de racine aux champignons. » Les filaments, placés les uns au bout des autres, sont dépourvus d'endochrome, et c'est ordinairement à leurs extrémités ou sur les parties latérales que les spores se développent.

Après avoir examiné avec attention les espèces cryptogamiques si nombreuses, on peut les diviser en deux types basés sur la forme des organes de la nutrition. Le premier comprend les cryptogames *amphigènes* (du grec *amphi*, autour, et *génos*, naissance), où les organes de la nutrition se trouvent répandus sur toute la surface de la plante.

Ces végétaux sont donc réduits à l'état de membranes irrégulièrement découpées qui, dans les Algues, prennent le nom de *frondes,* ainsi que dans les Hépatiques, et le nom de *thalles* dans les Lichens.

Le second renferme les cryptogames *acrogènes* (de *acra*, sommet, et *génos*, naissance), où l'on trouve un axe ou tige, et une partie souterraine considérée comme racine. Dans certaines espèces, comme dans les Charas ou les Mousses, on ne trouve comme tige qu'un certain nombre de cellules soudées les unes au bout des autres, sans présenter de vaisseaux, tandis que dans les Lycopodiacées et les Prêles on en rencontre quelques-uns.

En général, on ne trouve pas de feuilles dans les cryptogames, mais il en est quelques-uns, comme les Lycopodiacées, les Hépatiques et les Mousses, qui possèdent ces organes.

Les appendices foliacés que l'on rencontre sur les Fougères, les frondes que vulgairement on nomme feuilles, ne sont, dit-on, que des rameaux transformés en feuilles.

Les végétaux Phanérogames comparés aux végétaux Cryptogames.

Si nous établissons un point de comparaison entre les végétaux à organes visibles ou phanérogames, et ceux dont les organes sont cachés ou cryptogames, nous constatons qu'il existe entre eux de grandes différences au point de vue de la nutrition et de la reproduction.

Dans les organes destinés à la nutrition des plantes phanérogames, il y a toujours une tige et une racine qui forment l'axe de la plante, des radicelles, des bourgeons et des feuilles. La partie axile est composée de vaisseaux, de fibres et de tissu utriculaire.

Dans les organes servant à la reproduction, les fleurs ont toujours des pistils et des étamines, un calice ou une corolle et des bractées.

Le pistil présente toujours un ovaire et des ovules ; l'étamine une anthère et du pollen.

Les ovaires se transforment en fruits et les ovules en graines.

Les graines en embryons et en cotylédons.

Dans les organes servant à la nutrition des cryptogames, on constate l'absence ou la présence de la partie axile.

Les végétaux qui n'ont pas d'axe sont appelés amphigènes ; ceux qui ont un axe sont dits acrogènes.

Les amphigènes n'ont pas de feuilles ;

Les acrogènes sont remarquables par des expansions foliacées ou frondes ; les Fougères seules portent des feuilles ;

Les amphigènes ont un thalle ;

Les acrogènes une partie axile celluleuse ;

Les Fougères arborescentes ont une tige ligneuse.

Dans les organes de la reproduction, on remarque, chez les plus simples de ces végétaux, une cellule qui peut, à elle seule, reproduire le végétal ; telles sont les Algues inférieures.

Dans les plantes d'une organisation plus élevée, on trouve des corps reproducteurs nommés spores, qui diffèrent de la graine des phanérogames, en ce qu'elles ne portent jamais d'embryon ; tels sont les Fucus.

Dans les cryptogames plus parfaits encore, on rencontre des sporanges, réservoirs des spores, ou des urnes, ou des thèques suivant les espèces ; telles sont les Prêles et quelques Algues. Enfin, dans les cryptogames où l'organisation est la plus parfaite, on trouve les anthéridies avec leurs cellules garnies d'anthérozoïdes ; telles sont les Mousses.

———

La multiplication artificielle des plantes par semis est toujours longue ; le cultivateur désireux, soit pour jouir plus vite, soit de conserver et de multiplier des plantes exotiques dont les graines ne peuvent mûrir dans nos climats, a songé à les reproduire artificiellement.

Pour arriver à ce but, il a recours à plusieurs moyens, qui sont : le *Marcottage,* le *Greffage* et le *Bouturage.*

Le Marcottage.

Lorsqu'au printemps nous visitons un jardin, dont les bordures sont très-souvent formées de Fraisiers, nous pouvons remarquer qu'un grand nombre de branches courent çà et là après être sorties de l'aisselle des feuilles. Ces branches rampantes, en contact avec une terre humide, donnent naissance à de petites racines qui cherchent à pénétrer dans le sol ; lorsqu'elles ont pu s'y implanter, elles forment un nouveau sujet exactement semblable à la plante mère, qui vivra de sa vie propre après en avoir été séparé. Tel est le marcottage naturel.

Mais l'observateur intelligent a pensé que ce que la nature opère naturellement pour quelques plantes, il pouvait le produire artificiellement pour un grand nombre d'autres.

Or, si placés en face d'un pied d'OEillet, dont les branches sont ordinairement droites, nous prenons une de ces branches pour la courber et, par une attache quelconque, la fixer au sol, nous remarquerons qu'après quelques jours il se sera développé de petites racines adventives, dont les fonctions seront de faire vivre le sujet nouvellement formé, nous aurons fait un marcottage artificiel. C'est ainsi que se reproduit souvent la vigne.

Mais comme il n'est pas toujours possible de courber une branche dont le bois est fragile, cassant comme celui du Lilas, du Rosier, du Laurier-rose, etc., on procède alors d'une autre manière.

Trop élevées pour être couchées, les branches sont placées dans un vase ouvert latéralement; on ferme cette ouverture, on remplit de terre fraîche qu'on entretient toujours en cet état et l'on abandonne cet appareil ainsi formé pendant un temps qui peut être évalué de six mois à un an. Ce temps écoulé, on trouve que de nombreuses racines adventives se sont développées et qu'il est temps de séparer le nouveau sujet de la branche mère. Il suffira de le mettre en pleine terre si sa nature est robuste, ou de le mettre en serre s'il appartient à une espèce délicate et tendre. On a produit ainsi le *marcottage en l'air*.

La Marcotte (du latin *Mergus*, Provin) n'est donc autre chose qu'une branche qui, mise en terre avant d'être séparée de la branche mère, pousse des racines et peut végéter ensuite sans le secours de la plante qui l'a produite.

Souvent, pour faciliter la production des racines, on fait sur la partie courbée de la branche une incision qui détermine la formation d'un bourrelet et, par suite, les racines adventives.

Lorsqu'en labourant, le soc de la charrue vient à soulever des racines, celles d'un Orme, par exemple, il n'est pas rare de voir se développer, sur la partie blessée, des bourgeons adventifs dont le développement suit la marche ordinaire et se convertissent en rameaux aériens; il en est de même pour tous les végétaux à racines peu profondément situées.

Généralement, on effectue le marcottage avant le mouvement ascensionnel de la séve, au moment où la température convient le mieux aux espèces que l'on veut reproduire; c'est ainsi que, pour les plantes des régions brûlantes, on ne doit pratiquer le marcottage qu'au commencement de l'été; que, pour celles des régions tempérées, on profite du second printemps, et qu'enfin, pour les plantes du Nord, il faut toujours l'opérer dès les premiers jours du printemps.

La Greffe.

La *Greffe* consiste dans la soustraction faite à une plante cultivée de l'un de ses bourgeons et dans l'introduction de ce bourgeon dans une fente pratiquée sur une tige de *sauvageon*.

Ainsi, lorsqu'on expérimente sur un pommier sauvage, qu'on le coupe en tête, et qu'après avoir pratiqué une fente dans la partie coupée, on y introduit une branche détachée d'un pommier cultivé, on a produit une greffe.

La théorie de cette opération est très-simple; en effet, si les bourgeons vivent et se développent sur une tige, il n'y a pas de raison pour qu'un bourgeon enlevé d'une branche pour être placé sur une autre branche ne profite de la séve de cette dernière dans toutes les parties en contact avec elle. Mais on comprendra que certaines conditions sont nécessaires, indispensables même à la réussite de l'opération. Il faut 1° que toutes les parties qui ont été blessées, soient parfaitement garanties du contact de l'air; 2° qu'il y ait contact des parties libériennes ou du liber des deux plantes; 3° que les individus appartiennent au même genre ou à la même famille.

On reconnaît plusieurs sortes de greffes : 1° la greffe en fente ou par *scions*, dont nous venons de parler; 2° la greffe

en *écusson* ou par *gemme*, qui résulte de l'application d'un
bourgeon cultivé sur une plante sauvage ; 3° la greffe en
couronne, qui consiste à étêter une tige, à écarter l'écorce
pour y introduire des petits rameaux ; 4° la greffe en flûte
ou en anneau, qui a lieu toutes les fois qu'on enlève d'une
tige un anneau d'écorce avec un œil et qu'on l'insère sur
une autre tige d'égale grosseur, dont on a préalablement
enlevé l'écorce.

La Bouture.

La *bouture* consiste à mettre en terre une branche
d'arbre ou de plante vivace, afin de lui faire produire des
racines.

Les plantes grasses, les arbres résineux, les végétaux à
feuilles caduques sont souvent multipliés ainsi ; mais cette
reproduction, qui a l'avantage de s'effectuer avec beaucoup
de rapidité, ne peut avoir lieu, en général, que sur les
plantes à bois tendre, tels que les Peupliers, la Vigne, les
Saules et un grand nombre de plantes de serre.

On distingue plusieurs sortes de boutures : 1° la bouture
simple, qui consiste à mettre en terre une petite branche
nouvelle ou le rameau le plus récent ; 2° la bouture en
plançon, représentée par une forte branche de deux ou trois
mètres de la forme d'un pieu ; 3° la bouture *en rameau*,
qui se fait par l'enfouissement d'une branche ramifiée, dont
l'extrémité s'élève au-dessus du sol de quelques centimètres ;
4° la bouture en *ramée*, qu'on pratique à l'aide de grandes
branches ramifiées, couchées en terre, et dont chaque rameau est au-dessus du sol de dix à douze centimètres.

Tels sont les divers genres de boutures les plus employées.

Pour obtenir la réussite de ces boutures, il importe surtout de les placer dans une terre humide, perméable et de
les envelopper d'une chaleur toujours égale.

14ᵉ Conférence.

—

Apparition des végétaux à la surface du globe.

Le penseur, l'homme d'étude, le savant en un mot, dont les idées toujours graves se lancent incessamment à la poursuite de l'inconnu, afin de connaître la source de toute chose, le penseur a dû se demander bien des fois comment se sont établis, sur la sphère que nous habitons, cette luxuriante verdure, ces innombrables végétaux, aussi remarquables par leurs formes variées que par la diversité de leurs couleurs.

Cette question, quoique difficile, n'est cependant pas insoluble.

Si la terre, à l'origine des temps, n'était qu'une masse en feu, il a fallu bien des siècles avant que la vie pût se manifester à sa surface. Cherchons donc à établir par quelles phases elle a dû passer, quels phénomènes se sont accomplis, quels ont été les premiers êtres animaux et végétaux qui, à mesure que le refroidissement s'opérait, sont venus tour à tour envahir le globe.

Quelle que soit l'hypothèse que l'on adopte sur la formation de la terre, il est reconnu d'une façon indiscutable qu'elle est entraînée dans un mouvement constant de rotation autour du soleil, dont, au dire de Buffon, elle serait une parcelle arrachée, détachée par le choc d'un astre errant.

Cette pensée n'a rien de choquant ; elle est même satisfaisante, car, soustraite de la masse solaire, cette parcelle, liquide ou gazeuse, lancée dans l'espace, fut incessamment attirée par elle et contracta le mouvement éternel et régulier dont elle est animée.

L'observation nous démontre d'une manière positive que cette masse appelée *terre*, et sur laquelle nous vivons, est restée pendant bien des siècles en pleine fusion.

La preuve en est évidente, puisqu'à mesure que nous pénétrons dans ses profondeurs, nous découvrons un foyer toujours croissant, toujours plus intense, dont l'évaluation est calculée ainsi : un degré centigrade par 33 mètres de profondeur. Or, si à une profondeur considérable, la somme de chaleur s'accroît dans de telles proportions, il est certain qu'au centre de cette terre la matière est encore en fusion : les volcans en sont, du reste, une preuve irréfutable.

Sous l'influence de cette chaleur dont le degré est pour ainsi dire incalculable, aucun des corps ne pouvait donc conserver sa consistance propre ; les gaz subissaient une dilatation incroyable, les liquides une vaporisation constante et, les solides passant à l'état liquide, faisaient de cette immense fournaise un lieu sur lequel, on le comprend sans peine, aucun être vivant ne pouvait habiter.

Combien de temps cet état dura-t-il? c'est une question qui est et restera probablement toujours inexplicable ; mais il en est une qui est résolue, c'est celle de la solidification de cette masse.

Or, par sa rotation dans l'espace, elle dut abandonner, en le lui communiquant, une grande partie de son calorique ; dès lors, la solidification des corps les moins fusibles et leur cristallisation, le passage successif et gradué des liquides vaporisés à la condensation, et le retour des matières gazeuses à un état normal.

Mais, avant d'arriver à cette période de calme relatif, que de phénomènes perturbateurs ont dû se produire, que de commotions intérieures, que de convulsions sont venues briser, déchirer la croûte légère encore qui, sous l'influence d'une perte constante de chaleur, s'était formée et s'accroissait peu à peu à la surface liquide.

Les vapeurs aqueuses condensées se déposaient à l'état liquide et, pressées par l'incommensurable tension des gaz de toutes sortes, venaient s'engouffrer dans les nombreuses crevasses produites par la solidification et le retrait des matières minérales ; mais, rejetées tout à coup au dehors par l'infernale chaleur du dedans, elles repassaient à l'état de vapeur, soulevaient, en les brisant, les matières solides de la surface et formaient ainsi les vallées et les montagnes.

Dans ce cahos indescriptible, dans cette immense fournaise se combinèrent les corps métalliques et les roches ; le fer s'unit au soufre, le soufre au plomb, à l'argent, au mercure, au zinc ; un vaste laboratoire s'établit au sein de cette masse bouillonnante, dont la chaleur diminuant insensiblement permit aux formes cristallines de se produire.

C'est ainsi qu'on trouve, sous le nom de terrain primitif, les matières solidifiées les premières, telles que le *Granit,* la *Syénitke,* le *Gneiss,* le *Micachiste ;* c'est ainsi qu'on trouve, dans les profondes crevasses résultant du retrait de ces matières solidifiées, un grand nombre de minerais et de substances siliceuses, comme la *Topaze,* l'*Améthiste,* l'*Hyacinthe* et tant d'autres combinaisons ; c'est ainsi que l'on rencontre des sels cristallisés dont la formation naturelle est impossible aujourd'hui à la surface terrestre, cristallisation qui s'explique clairement par l'abaissement de cette incroyable température, sous l'influence de laquelle les corps, dissous d'abord, ne tardèrent pas à se déposer, donnant naissance aux roches primitives du globe.

Peu à peu, le calme s'établit ; la surface plus résistante, plus épaisse, en raison du refroidissement qui s'opérait sans cesse, fut moins tourmentée ; les eaux ne subissant plus le phénomène de la vaporisation, coulèrent tranquilles au sein des vallées creusées par les soulèvements de la croûte superficielle, et l'air enfin, devenant chaque jour plus pur, la vie ne tarda pas à se manifester.

Il est vraiment curieux de suivre pas à pas, pour ainsi dire, la marche ascendante des végétaux. On voit apparaître d'abord les espèces les plus inférieures, telles que les Mousses, les Algues, les Fougères, les Prêles, les Lycopodiacées, appelées aujourd'hui plantes acrogènes, parce qu'elles ne s'accroissent que par leur extrémité supérieure.

Les Fougères et les Prêles étaient des végétaux remarquables par leur taille gigantesque, et il est reconnu aujourd'hui que c'est à leur présence, à leur décomposition plus ou moins complète, à leur enfouissement surtout, que sont dues ces couches immenses et profondes de houille ou charbon de terre, dont les industries font aujourd'hui une si abondante consommation.

La végétation, à cette époque, était donc réduite à l'apparition de ces cryptogames, et, si nous comparons le nombre des fougères fossiles au nombre des fougères vivant à notre époque, nous trouverons qu'elles étaient cinq fois plus nombreuses en espèces qu'aujourd'hui. En effet, de nos jours, on n'en reconnaît que 50 espèces, tandis que les échantillons fossiles s'élèvent au nombre énorme de 250.

Cette période, qui fut probablement très-longue, porte le nom de *première époque*.

Plus tard, les végétaux monocotylédonés parurent, mais les cryptogames furent en grande partie détruits.

Les calculs à cet égard ne laissent aucun doute, car on a observé que sur 100 espèces de végétaux fossiles, il y a 92 cryptogames, 6 dicotylédones, 2 monocotylédones ; aujourd'hui, sur le même nombre, on ne trouve plus que 4 cryptogames, mais 86 dicotylédones et 10 monocotylédones.

On admet cinq époques bien distinctes, qui démontrent clairement le passage successif d'un état inférieur à un état supérieur ou à la perfection relative des végétaux et des animaux.

Dans la première époque où l'on ne trouve que des plantes inférieures, on voit l'apparition des mollusques, des crustacés et des poissons, animaux dont la vie ne pouvait être entretenue, en raison de leur organisation, que par des matières tendres, mucilagineuses et gélatineuses comme les Algues, si nombreuses alors ; aussi leur donna-t-on le nom de *Phytophages* (du grec *Phyton*, plante, et *Phagô*, manger).

A cette création toute primitive succèdent d'autres êtres à organisation plus complète, tels que les Tortues, les Crocodiles, les Lézards ; un animal aux formes bizarres, tenant à la fois du lézard, du poisson et du serpent, le *Plesiosaure;* les *Gryphites,* les *Ammonites,* les *Phitosaures,* les *Icthyosaures,* et des oiseaux dont, jusqu'alors, on ne soupçonnait pas l'existence ; puis des espèces végétales, comme les Conifères, les *Calamites,* les *Calamodendron,* des Palmiers, etc., etc.

La terre, moins couverte d'eau, se peuple davantage de végétaux et d'animaux ; la vie devenant plus facile, de nouveaux êtres surgissent, bien différents de leurs devanciers. C'est alors qu'on rencontre les premiers mammifères qui, pour la terre, sont représentés par les *Mastodontes,* l'*Hippopotame,* le *Rhinocéros,* le *Bœuf;* pour l'eau, le *Phoque,* la *Baleine* et l'innombrable série des mollusques et des poissons ; pour l'air, des oiseaux dont les formes peuvent être comparées à l'*Ibis,* au *Cormoran,* à l'*Isard;* et enfin, on constate, pour la première fois, la présence des plantes phanérogames (naïades).

Bientôt les anciennes espèces disparaissent ; celles qui étaient rares se multiplient ; la perfection s'accusant sans cesse par la création d'individus plus élevés dans l'échelle animale, nous voyons apparaître l'*Eléphant,* le *Tapir,* le *Cheval,* les *Ours,* les *Chiens,* les *Chats,* les *Cerfs,* etc., etc.

La nature végétale se complète à son tour et grandit, et toutes ces productions, réparties également sur le globe, chacune d'elles vivant dans le climat qui lui est le plus favorable, vient créer, par cet harmonieux ensemble, le séjour le plus enchanteur et le plus beau que l'on ait jamais pu rêver.

C'est alors que l'homme, la créature la plus parfaite, au sein de cette luxuriante nature, prend possession de la terre, son intelligence en fait le dominateur des animaux ; il les soumet à ses besoins, il les façonne à son gré, soit pour son utilité, soit pour ses plaisirs ; ils sont, en un mot, ses esclaves et ses victimes, car il en tire la plus importante partie de sa nourriture.

Quant aux végétaux, ils ne ressemblent en rien à ceux des précédentes époques.

Presqu'entièrement composée de plantes cryptogames, la végétation s'éleva donc successivement du rang le plus bas, le plus simple, au rang le plus élevé qui la caractérise, et il est à présumer que si le nombre des végétaux qui émaillent notre terre devaient subir quelques modifications de détails, ils ne disparaîtront plus que dans un bouleversement total.

Telle est aujourd'hui l'image du monde depuis la création jusqu'à nos jours.

Résumé des phénomènes qui favorisèrent l'apparition des végétaux et des animaux sur le globe.

La terre n'a pas toujours occupé l'état dans lequel elle se trouve actuellement ; elle a dû passer par des phases successives qui sont :

1° L'état incandescent ou de fusion ;

2° Refroidissement de la surface ;

3° Cristallisation de toutes les substances minérales ;

4° Condensatiou des vapeurs aqueuses.

Commencement des cinq grandes époques ou révolutions basées sur l'existence des fossiles au sein de la terre :

1ʳᵉ ÉPOQUE. — Apparition des Mollusques; apparition des Cryptogames, tels que les Algues, les Fucus, les Fougères, les Prêles, ces derniers remarquables par leur grandeur.

2ᵉ ÉPOQUE. — Apparition des Gryphites, des Ammonites, des Reptiles gigantesques, tels que le Plésiosaure, l'Icthyosaure, le Phitosaure; beaucoup de Conifères et de Palmiers; de rares Phanérogames (Naïades).

3ᵉ ÉPOQUE. — Apparition des Mammifères, tels que les Mastodontes, le Rhinocéros, l'Hippopotame, le Bœuf, le Phoque, la Baleine, etc., etc., et d'un grand nombre de végétaux phanérogames.

4ᵉ ÉPOQUE. — Disparition presque complète des animaux des deux premières époques; multiplication considérable de ceux de la troisième et production du plus grand nombre des plantes phanérogames connues aujourd'hui.

5ᵉ ÉPOQUE. — Apparition de l'homme.

Géographie botanique.

La connaissance des lois, suivant lesquelles les végétaux sont répartis à la surface du globe, constitue une véritable science.

Nous avons dit plus haut que la lumière, la chaleur et l'humidité étaient des agents indispensables au développement et à la vie des végétaux. En effet, si nous examinons la végétation dans les pays du Nord, nous sommes frappés de la différence qui existe entre les plantes particulières à ces contrées et celles qui croissent dans les régions tempérées et dans les régions tropicales.

Lorsque nous nous plaçons au centre d'une plaine entourée de hautes montagnes, nous sommes témoins des phénomènes suivants : dans toutes les parties profondes, c'est-à-dire dans toutes les vallées formées par ces montagnes, nous constatons que la végétation est puissante, riche et variée.

Le soleil, en déversant des flots de lumière et de calorique dans ces gorges profondes, échauffe le sol, en aspire l'humidité qui, pénétrant par voie d'absorption et par la force végétative, soit par les racines soit par les feuilles, dans toutes les parties des plantes, leur offre ainsi une abondante nourriture; elles sont alors vigoureuses et d'une fraîcheur remarquable.

Mais si, gravissant la montagne qui domine cette oasis enchantée nous portons nos regards autour de nous, il sera permis de constater, non-seulement une différence sensible dans le développement des mêmes espèces, mais bien souvent, pour ne pas dire toujours, un amaigrissement remarquable, le dépérissement et des modifications si profondes que, par fois, elles semblent appartenir à d'autres espèces.

Dans les régions touchant à l'équateur, là où le jour est égal à la nuit, là où la chaleur est extrême en raison de la position verticale du soleil, là où, précisément, en raison de cette chaleur, l'atmosphère est toujours imprégnée d'une grande quantité d'eau, la végétation est portée au plus haut degré de développement.

Mais nous observerons aussi que, à mesure que nous nous éloignerons de l'équateur, cette luxuriante nature décroîtra d'autant plus que nous nous rapprocherons davantage du pôle, et il arriverait infailliblement, si nous poursuivions notre marche, que la vie chancelante finirait par s'éteindre; et cela s'explique aisément par l'obliquité des rayons solaires qui, ne frappant plus directement les corps, perdent insensiblement leur puissance calorifique.

Avec moins de chaleur, l'humidité décroît, la végétation est moins active et se ralentit sans cesse à mesure qu'on s'éloigne de l'équateur.

Voilà donc l'influence que peuvent avoir sur les végétaux la chaleur, la lumière et l'humidité.

Considérée sous un autre point de vue, la géographie botanique est encore pleine d'intérêt.

Les plantes d'une même espèce ne vivent pas en tous lieux; les unes exigent un climat sec et brûlant, les autres un climat tempéré, d'autres enfin ne se plaisent que sur les sommets caressés par les âpres vents du Nord.

Au nord de l'Europe, par exemple, dans la Laponie, l'Islande, la Suède, la Norwège, la Russie, on rencontre un grand nombre de végétaux acotylédonés, peu de plantes ligneuses, beaucoup de Caryophyllées, de Rosacées, de Graminées, de Renonculacées et de Saxifragées, quelques Conifères et des Amentacées.

Au centre ou région moyenne, en Allemagne, en Belgique, en Suisse, dans l'Italie supérieure et dans presque toute la France, on est en présence de vastes forêts composées de Chênes, de Hêtres, de Charmes, de Bouleaux, de Châtaigniers, de Tilleuls et de Peupliers; on trouve des Graminées, le Blé, le Seigle, l'Orge, l'Avoine; des Vignes, des Mûriers et un grand nombre de Labiées.

Dans la partie méridionale apparaissent les Oliviers, les Grenadiers, les Orangers, les Figuiers, etc.

En somme, la variété des productions végétales en Europe est extrêmement remarquable; la température y est plus supportable que dans les régions tropicales, et, si l'on considère qu'un grand nombre de végétaux utiles de ces régions peuvent s'y acclimater, on peut dire, avec raison, que l'Europe est de tous les lieux de la terre la contrée la plus heureuse et la plus fortunée.

En Asie, dans la partie nord, on rencontre de nombreux spécimens de Renonculacées, de Crucifères, de Légumineuses, d'Ombellifères et un plus grand nombre encore d'Astragales, de *Spiræa* et d'*Artemisia*. Au Sud, dans la

Chine, au Japon se développent les arbres à Thé, le Laurier camphrier, le Camellia, l'Hortensia, etc.

En Afrique, on retrouve beaucoup de végétaux européens comme les Oliviers et les Orangers, mais au sud de cette région, la végétation peut être comparée à celle des tropiques, car les Palmiers, les Lotus, les Dattiers, le Cotonnier, le Cassier, la Canne à sucre y sont très-abondants.

Dans la région tropicale de l'Afrique, fort peu connue à cause de la rigueur de son climat, on peut reconnaître à l'état de végétaux arborescents, des plantes qui, dans d'autres contrées, sont herbacées, telles que certaines Malvacées et Rubiacées ; mais celles qui se montrent le plus ordinairement, sont les Térébinthacées, les Capparidées, les Achantacées, etc., etc.

En Amérique, la végétation est des plus remarquables ; elle dépasse en variété les productions des autres régions. Au nord se rencontrent les mêmes espèces citées précédemment, mais appauvries, malades, déformées, rabougries.

Au centre est une végétation surprenante ; on y rencontre différentes espèces de Chêne européen ; les Conifères y abondent, le Cyprès, le Genévrier, le Frêne, le Noyer, les Azalées, le Rhododendron, les Magnoliers, les Asters, les Quinquinas, les Cactus, les Fougères, les Orchidées, les Pêchers, les Pommiers, les Abricotiers, etc.

En Australie, la vie végétale et animale est encore plus variée ; c'est là qu'on trouve ces animaux remarquables et bizarres, le Kangourou, les Ornithorinques, le Lézard à manteau, les Phalangiers, les Cignes noirs et les Pélicans ; c'est là qu'on trouve une sorte de végétation qui paraît être spéciale à cette région, des forêts d'Eucalyptus, un grand nombre de Légumineuses qui font le plus bel ornement de nos serres et des Orchidées remarquables et abondantes.

D'après les relations de certains voyageurs naturalistes, le nombre des plantes vivant en Australie serait de 5,000 espèces formant 120 familles; et, si l'on considère que les Légumineuses seules y figurent pour 229 espèces, les Eucalyptus pour 100, les Orchidées pour 120, on verra que dans aucune des contrées explorées jusqu'alors, la végétation ne se montre avec une telle variété, avec un tel luxe que dans la région australienne.

L'Australie, qui est une des grandes terres de l'Océanie, n'est connue que superficiellement, car les côtes seules ont été visitées. Tout fait donc présumer que si l'intérieur de cette région était parcouru, on découvrirait certainement de nouvelles espèces animales et végétales qui viendraient enrichir la science et peupler nos musées, dont les collections sont déjà si nombreuses et si remarquables.

Il est difficile de s'étendre davantage, dans un traité élémentaire, sur un sujet qui, pour être complet, exigerait des volumes entiers; la rapide esquisse qu'on vient de lire, n'a pour but que de démontrer les profondes modifications que subissent les végétaux dans des régions différentes, soit à l'équateur, soit au pôle. Elle suffira pour faire comprendre les changements qui s'opèrent, suivant les climats, dans les plantes qui couvrent la surface du globe.

Il est une question qui a longtemps occupé le monde scientifique, celle de savoir si, à l'origine des temps, il y a eu des centres primitifs de végétation.

Bien des hypothèses ont été formulées qui sont contradictoires. Ainsi, Linné supposait que, sur l'une des montagnes les plus rapprochées de l'équateur, s'étaient développées toutes les plantes; que, d'une manière insensible mais constante, elles avaient été transportées sur tous les points du globe, subissant les influences climatériques et locales. Buffon faisait naître les premiers végétaux sur les points extrêmes, sur les pôles; ils se seraient, de là, étendus de proche en proche jusque vers l'équateur. Un autre naturaliste, Willedenow, présentait une hypothèse différente; il faisait des centres particuliers de végétation de toutes les chaînes de montagnes, et ces plantes se multipliant sans cesse avaient nécessairement envahi toute la surface.

Mais ce ne sont là que des hypothèses, et, pour ne parler que de cette dernière, si nous considérons les obstacles apportés par ces chaînes de montagnes et les mers à la distribution des végétaux sur le globe, nous comprendrons qu'elles en sont les limites et non le point de départ.

Comment, en effet, supposer que les plantes aient pu franchir les mers et les vastes sables du désert ?

La patrie primitive d'une plante a pu être l'Europe, mais les vents, mais les oiseaux, mais l'homme surtout, ont dû favoriser singulièrement la dispersion des graines et produire ou créer une seconde patrie à un nombre infini de végétaux. M. de Saint-Hilaire a observé qu'à Montévideo, (Amérique méridionale) ou dans ses environs, le Chardon Marie (*Carduus Marianus*), si commun chez nous, s'était développé à ce point que toutes les autres espèces avaient disparu.

Tout en admettant l'hypothèse des centres primitifs de végétation, la science est loin d'en fournir des explications satisfaisantes.

La patrie d'une plante est le lieu ou mieux la contrée dans laquelle elle pousse naturellement, spontanément ; ainsi, une plante qui croît communément en Europe, a pour patrie l'Europe ; si elle ne croît qu'en France, sa patrie est la France ; mais si, en raison de la composition du terrain ou de conditions particulières cette plante ne pousse que dans des milieux de cette nature, on dit que ces milieux sont *la station* de ces plantes.

Or, un végétal qui, en Europe, se développe spontanément et croît sur les rochers, sur les bords de la mer ou dans les marais, ce végétal a pour patrie l'Europe et pour station les rochers, les bords de la mer ou les marais.

On emploie souvent le mot *habitation* pour désigner la

station; c'est une erreur, car l'habitation d'une plante peut être considérée comme sa patrie.

Il est des végétaux qui s'accommodent de tous les climats, qui vivent partout, que l'on trouve partout; on dit alors qu'ils sont *cosmopolites*. Telle est, par exemple, l'*Alsine media,* petite plante de la famille des Caryophyllées, que l'on rencontre dans toutes les parties du monde.

Enfin, on donne le nom d'*Aire* à la surface géographique, sur laquelle les individus de la même espèce vivent et se développent, et le nom de *Flore* est réservé à la collection des espèces qui peuvent y croître et s'y multiplier naturellement.

Age, grandeur et durée des végétaux.

Il est des végétaux qui ne vivent que quelques heures, comme le Nostoc, cette plante voisine des Algues et d'autres qui ont des siècles d'existence comme le Chêne, le Boabab, le Tilleul, etc.

Il ne sera donc pas sans intérêt de suivre la marche de la végétation, d'établir l'enchaînement qui règne au sein de la nature, et d'assister au développement successif des végétaux inférieurs, des plantes herbacées, pour arriver à ces productions luxuriantes des géants des forêts, dont certains sont plusieurs fois séculaires.

Au matin de la création, alors que le soleil traversant librement l'atmosphère débarrassée des vapeurs aqueuses qui la souillaient, vint caresser la terre et lui imprimer le souffle de la vie, la végétation parut. Ce furent, ainsi que nous l'avons dit plus haut, des végétaux inférieurs qui, successivement détruits, formèrent un puissant aliment pour d'autres productions. Détruits à leur tour, mais imprégnés des germes déposés par la nature, ces végétaux déjà nombreux s'accumulèrent sous la forme de détritus et donnèrent naissance, par la succession des siècles, non plus à cette

végétation herbacée dont l'existence est éphémère, mais à
de nouveaux êtres plus solides, plus robustes, dont la grandeur et la durée dépassèrent la grandeur et la durée de leurs
aînés.

C'est ici qu'on peut dire que de la mort naît la vie, car
de tous ces végétaux qu'elle a frappés et du détritus desquels
elle a fait une abondante nourriture et, pour ainsi dire, une
semence nouvelle, sont sortis ces végétaux étonnants par
leur organisation, leur développement remarquable, les végétaux ligneux.

Les Mousses, les Byssus, les Lichens, végétaux nains
qui, dans le principe, furent les précurseurs de la végétation et formèrent la richesse du sol, devinrent les protégés
de ces grands végétaux, dont le feuillage épais venait abriter
leur délicate organisation contre les ardeurs du soleil.

Toujours frais, toujours humides, ces cryptogames en-
tretenaient la vie sous toutes les formes ; des milliers d'insectes y trouvaient un refuge et s'y multipliaient ; puis, par
la cessation de la vie, bien courte chez eux, leur dépouille
engendrait de nouvelles générations animales et végétales.

Les végétaux ligneux, les arbres ont, suivant les espèces
et les climats, une durée différente.

Au rapport d'Adanson, célèbre naturaliste, qui explora
diverses contrées, on trouve en Chine un arbre nommé
Siennich (arbre de mille ans). Alors déjà, on savait qu'il
existait des arbres séculaires dont la renommée s'occupait.
Au Cap-Vert, il existait des *Boabab* sur l'écorce desquels
des voyageurs avaient gravé leur nom ; la date de ces inscriptions remontait au quinzième siècle : or, Adanson vivant
au dix-huitième, ces arbres avaient trois cents ans d'existence. Le même naturaliste assure qu'il a vu des arbres
mesurant sept ou huit mètres de diamètre, dont la vigueur
était remarquable.

Pour arriver à la certitude des faits avancés, Adanson fit
couper un de ces énormes végétaux et, en explorant avec

soin les couches ligneuses, il rencontra après trois cents de ces couches les inscriptions indiquées. C'est à la suite de ces expériences qu'il a pu former le curieux tableau suivant, touchant la végétation de ces arbres :

A 1 an, le Boabab prend 1 pouce à 1 pouce 1/2 de diamètre.

A	20	ans,	1	pied.
A	30	—	2	pieds.
A	100	—	4	—
A	1,000	—	14	—
A	2,400	—	18	—
A	5,150	—	30	—

M. Perottet, dans sa flore sénégambienne, affirme qu'il n'est pas rare d'en trouver dans ce pays, qui ont de 60 à 90 pieds de circonférence et auxquels on attribue six mille ans d'existence.

Suivant Rai, il y avait en Angleterre des Ormes dont la grosseur et la longueur étaient étonnantes ; il en cite un, surtout, dont la tige creusée par les ans avait servi de refuge à une pauvre femme en couches. Rai parle encore d'arbres qui, véritables colosses, pouvaient servir de citadelles.

On raconte qu'à Exfort, en Angleterre, il y avait un Poirier phénoménal, dont la tige, mesurant deux mètres de diamètre, portait une telle quantité de fruits, qu'on en retirait ordinairement sept à huit muids d'excellent cidre.

Dans les environs de Fribourg, à Villars-en-Moing, existait en 1831 un énorme Tilleul qui n'avait pas moins de douze mètres de circonférence, plus d'un mètre et demi de diamètre. En 1476, il était déjà remarqué par sa taille. Après avoir été mutilé pendant la bataille de Morat, il n'en avait pas moins continué de vivre, et l'on a calculé qu'en 1834, époque à laquelle furent consignés ces faits, cet arbre gigantesque, ce vétéran des végétaux, n'était pas âgé de moins de 1,600 ans.

Un dernier exemple de la grosseur de certains arbres,

c'est encore un Tilleul. Au dix-septième siècle, Evelin rapporte que cet arbre devait être déjà très-grand en 1229; en 1408, les branches les plus grosses étaient soutenues par soixante-sept colonnes; en 1664, le nombre en était de quatre-vingt-deux, et en 1831, il était de cent six. Ces colonnes portent différentes dates et les armoiries des seigneurs qui les avaient édifiées. La plus grosse des branches de cet arbre a été brisée par un ouragan terrible en 1773. — On suppose que ce Tilleul est âgé de plus de huit cents ans.

Quant à la hauteur des arbres, Pline le naturaliste raconte qu'il a vu, dans l'île de Chypre, un Cèdre d'une grande hauteur, cent trente pieds de long sur six de diamètre, et Matthiole, des arbres de cent quarante pieds de tige. M. de Humboldt assure que le Palmier *Jagua* pousse des tiges qui s'élèvent à plus de cent soixante-dix pieds.

Considérés dans leur ensemble, les végétaux offrent un contraste singulier et vraiment intéressant : les uns couvrent la terre en rampant, pour ainsi dire, à sa surface, et leur extrême variété fait de nos bois et de nos champs le spectacle le plus charmant. Les autres, tels que des géants, élèvent leur tête altière et semblent dominer la nature.

Cependant, une espèce de solidarité les enchaîne, car ces Lichens, ces Mousses qui, dans nos bois, se reproduisent avec tant d'abondance, succomberaient infailliblement, sans l'appui des plantes herbacées, lesquelles périraient à leur tour si on les privait de l'ombre épaisse et fraîche des forêts.

On peut dire, avec M. de Candolle, que la durée des végétaux est indéfinie, que le plus souvent ils ne disparaissent que par accident, accidents produits par une foule de causes faciles à comprendre : ainsi, les vents violents rompent les branches; de là une ouverture, une plaie béante qui donne accès à tous les corps étrangers nécessairement nuisibles; l'infiltration de l'eau dans les tissus intérieurs produit un trouble profond qui, s'augmentant sans cesse, gagne le cœur de l'arbre, le désorganise et le tue. La cause contraire peut évidemment produire le même effet, car une sécheresse longtemps prolongée détruit les canaux en les racornissant, et détermine la mort. La gelée, les blessures faites par les animaux et les hommes sont les causes les plus fréquentes de la mort des végétaux.

Les violences faites à la nature contribuent pour une large part à la destruction des végétaux, puisque, dans un but de lucre, nous les forçons à produire dans un temps fort court, dix fois plus qu'ils ne donneraient s'ils étaient abandonnés à eux-mêmes.

Pour la Vigne, par exemple, qui ne vit bien que sur les coteaux pierreux, il suffit de la tailler avec intelligence en temps opportun, et il est incontestablement mauvais de lui fournir trop d'engrais. — Il est vrai qu'elle produit davantage, mais le raisin qu'elle donne a moins de valeur ; elle subit alors un certain degré d'affaiblissement, elle contient plus d'eau tout en poussant davantage, et devient par là beaucoup plus sensible à la gelée.

Pourrait-on affirmer que certaines maladies ne sont point amenées par une nourriture trop abondante, par des tailles trop souvent renouvelées ou par un excès de fructification ? Non, car il est bien reconnu que c'est à ces causes seules que sont dues les maladies et la mort d'un grand nombre de plantes.

On a prétendu que les arbres, arrivés à un certain développement, n'étaient plus susceptibles de s'accroître en épaisseur ; c'est une erreur. Un arbre, quelque gros, quelqu'âgé qu'il soit, ne peut vivre que par la séve et par les fonctions que remplissent les feuilles ; or, la séve donne toujours naissance à de nouvelles parties qui viennent s'ajouter aux anciennes et en augmenter le volume ; mais il faut comprendre aussi que plus cet arbre est vieux, moins il a de vigueur et de force végétative ; la couche nouvellement formée sera donc d'autant moins grande que son âge sera plus avancé.

Tissus élémentaires des végétaux.

Au cours de la troisième conférence, je n'ai fait qu'indiquer d'une façon sommaire la composition du tissu cellulaire, le moment est venu de compléter cette histoire si intéressante des tissus végétaux.

Si nous prenons un végétal dans toute sa force, au moment où la nature a développé en lui les organes qui le constituent; si nous soumettons ces organes à l'action du microscope, nous sommes véritablement surpris. Toutes les magnificences que nous avons vu se dérouler sous nos yeux, sans le secours de cet instrument, ne sont rien, si on les compare aux splendeurs qu'il nous dévoile.

Les organes primitifs des plantes ne sont pas tous visibles à l'œil nu, ou si nous les apercevons, ce n'est que confusément, et rien, dans cet état, ne nous permet d'expliquer leurs relations.

On a dit que tout commence par une cellule ; en effet, tous les végétaux ne sont composés que de *cellules* ou *utricules,* et les formes que nous allons examiner en sont toutes dérivées.

On en reconnaît de trois sortes, qui sont : les *cellules,* les *fibres* et les *vaisseaux ;* de là les noms de végétaux cellulaires, végétaux fibreux et de végétaux vasculaires.

Tissu cellulaire ou utriculaire.

Les cellules sont la partie essentielle de toute organisation végétale ; on les rencontre toujours unies par une espèce de liquide visqueux, gluant, auquel on a donné le nom de matière *intercellulaire,* et les espaces vides qui règnent entre elles sont appelés *méats intercellulaires.*

Il est facile de s'assurer de l'existence de cette matière

intercellulaire et de la séparer des cellules ; il suffit de soumettre à l'ébullition, pendant un certain temps, dans l'acide nitrique affaibli, une lame du tissu végétal ; dans cette opération, la substance visqueuse disparaît, et laisse en liberté les vaisseaux et les cellules avec les formes qui leur sont particulières. De plus, traitée par l'iode, cette matière ne se colore pas en bleu, tandis que la *cellulose,* qui est la trame solide des tissus végétaux, subit cette transformation.

Si on les considère dans leur forme, les cellules sont extrêmement variables. — Le plus souvent, elles sont sphériques à l'état d'isolement, mais elles perdent bientôt cette forme, pressées les unes contre les autres dans leur développement, et affectent la forme polyédrique (à un grand nombre de faces). C'est ainsi qu'on les rencontre dans presque toutes les feuilles. Cependant elles se présentent souvent avec la forme *dodécaédrique* (à douze faces), et l'on en rencontre de *cubiques,* de *prismatiques* et de *tabulaires.*

Dans l'*Angelica archangelica* (pl. XXV, fig. 1), on rencontre des cellules globuleuses, des méats intercellulaires et des utricules pentagonales et hexagonales ; dans le *Caladium pinnatifidum* (pl. XXV, fig. 2), toutes les cellules sont prismatiques et renferment des cristaux ; dans le *Canna indica* (pl. XXV, fig. 3), les cellules sont presque globuleuses, tandis que la forme triangulaire appartient toujours, dans cette plante, aux méats intercellulaires.

Lorsqu'une cellule est en voie de formation, elle porte, le plus ordinairement, sur une de ses parties latérales, un globule ou lenticule nommé *nucleus* ou noyau (pl. XXV, fig. 4), qui, lui-même, renferme un petit corps central appelé *nucleole.*

Quant à la structure des cellules à leur naissance, elle est extrêmement simple ; le plus souvent, la membrane qui les forme est mince, incolore dans toute son étendue, et, si une coloration quelconque apparaît, on peut être sûr qu'elle est due à la matière intérieure de la cellule. Mais il arrive

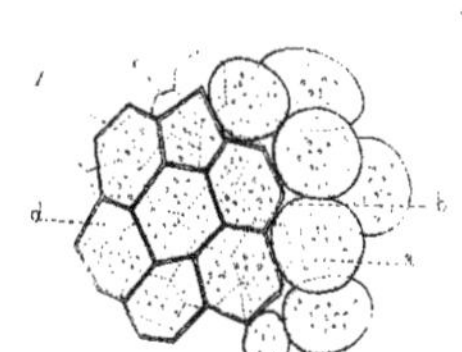

Tissu cellulaire de l'Angélique

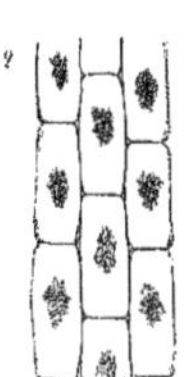

Tissu cellulaire du Caladium pinnatifidum

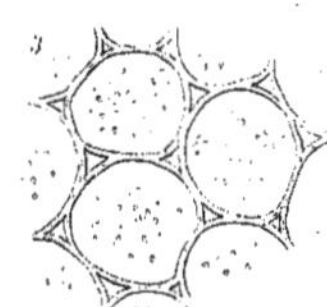

Tissu cellulaire du Canna indica

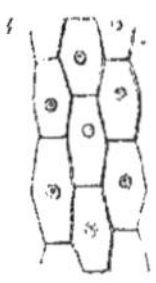

Cellules avec nucleus

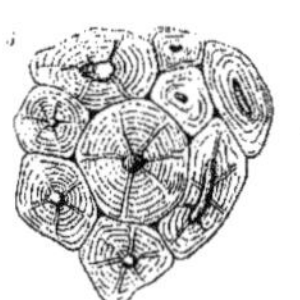

Cellules avec couches desséchées et superposées

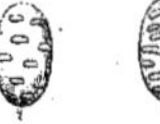

1. Cellule ponctuée.   2. Cellule réticulée.
3. Cellule annulaire.   4. Cellule rayée.
5. Cellule spiraliforme

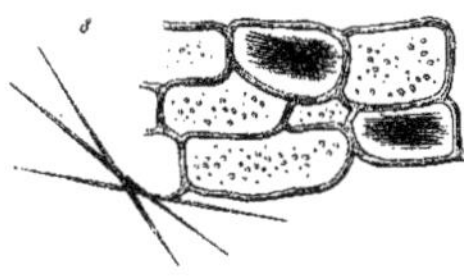

Cellule ouverte de la pomme de terre

Raphides

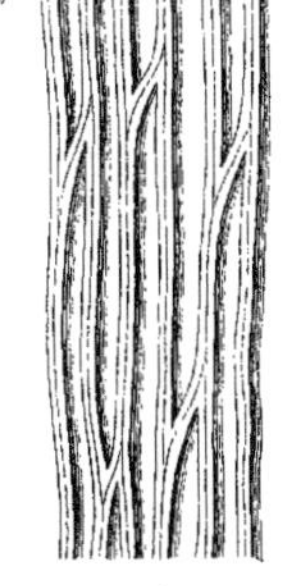

Tissu fibreux de l'Acer platanoïdes

Vaisseaux ponctués
de la Vigne

Vaisseaux rayés
scalariforme

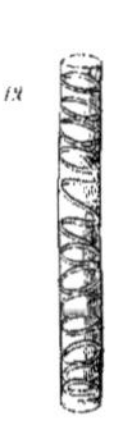

Vaisseaux annulaires
de la Balsamine

Vaisseaux réticulés
de la Balsamine

Trachée du Sureau.

TISSUS ÉLÉMENTAIRES DES VÉGÉTAUX

aussi que la simplicité de ces cellules disparaît, car au sein de la cavité utriculaire se forme un liquide qui, en se desséchant, vient augmenter l'épaisseur de la membrane; en sorte que, par des sections horizontales, on peut reconnaître le nombre des couches superposées (pl. XXV, fig. 5).

On rencontre aussi des cellules *ponctuées*, réticulées (en réseau), à dispositions annulaires, rayées et spiraliformes (pl. XXV, fig. 6).

Ce que contiennent les cavités cellulaires.

Outre le nucléus que contient chaque cellule, il est d'autres corps qui s'y trouvent renfermés. C'est, au début, un liquide azoté, nébuleux, dans lequel nagent des globules, et qui enveloppe le nucléus ; on le nomme *protoplasma* (du grec *protos* premier, et *plasma* produit).

Puis, par suite du développement successif de la cellule, le protoplasma ne participant point à ce développement, se contracte en filaments irréguliers et disparaît. On y trouve un liquide incolore qui peut être considéré comme de la séve, ou bien c'est un liquide coloré dont les nuances peuvent être comparées à celles des fleurs. Mais la matière que l'on rencontre le plus ordinairement, et qui est en suspension dans ce liquide, est une substance verte, abondante, à laquelle on a donné le nom de Chlorophylle (du grec *chloros* vert, et *phullon* feuille).

C'est à la chlorophylle qu'on doit ces différentes variétés de verdure qui tapisse nos campagnes, qui, dans la saison du printemps, vient reposer notre vue et faire de cette époque le passage le plus agréable, le plus gai, le plus envié de l'évolution annuelle.

On considère la chlorophylle comme formée de diverses substances, cire, résine, fer; si l'on observe une feuille de *Dracœna terminalis*, dont la couleur est pourprée, on remarque que cette nuance n'est que superficielle et placée sous l'épiderme, tandis que plus profondément on ne trouve que de la chlorophylle à l'état de granulation. Mais si, prenant un pétale de Camellia, nous l'examinons avec la même attention, nous constaterons que la matière colorante repose entièrement dans le tissu cellulaire sous-épidermique.

A l'approche de la mauvaise saison, on voit souvent les feuilles changer de couleur ; telles sont, par exemple, les feuilles de la Vigne-vierge, du Sumac, des Viornes, etc. : on ignore la cause de ce changement, mais la plupart des feuilles des autres plantes passent au jaune et tombent ; le terme de leur existence étant arrivé, la séve ne les alimentant plus, elles se fanent et meurent.

Quant à la couleur blanche des fleurs, on est généralement disposé à admettre qu'elle est due à de l'air renfermé dans les cellules naturellement incolores. L'expérience de M. Dutrochet semble être décisive, car elle a démontré que lorsqu'un pétale blanc est placé sur l'eau, dans une machine pneumatique, il ne tarde pas à passer du blanc opaque naturel à la transparence la plus complète. L'explication de ce phénomène paraît très-simple ; en effet, la machine ayant opéré le vide, l'air fut soustrait du pétale et remplacé par l'eau qui lui communiqua sa transparence.

Il existe un autre corps renfermé dans les cellules ; ce corps, auquel on a donné le nom de *fécule* ou d'*amidon,* se présente sous la forme de granules incolores. Dans la Pomme de terre, par exemple, la masse tuberculeuse offre dans son tissu une prodigieuse quantité de ces granules, dont la grosseur, assez variable, peut atteindre un dixième de millimètre (pl. XXV, fig. 7).

Chaque grain d'amidon est aussi variable dans sa forme, suivant l'espèce à laquelle il appartient, et cette forme est assez constante pour que l'espèce en puisse être déterminée. Leur existence est due au protoplasma.

On rencontre encore, dans les cellules, des substances minérales à l'état de cristallisations régulières ; souvent ces cristaux sont groupés et présentent un grand nombre de pointes aiguës, ou bien ils affectent la forme d'aiguilles délicates et fines, qu'on nomme *raphides* (du grec *raphis*, aiguille) ; dans ce cas, ils remplissent la cellule, à l'exclusion complète de toute autre production et surtout de chlorophylle (pl. XXV, fig. 8).

La formation de ces cristallisations salines n'a rien de surprenant quand on sait que, pendant l'acte de la végétation, il se produit des acides tels que l'acide carbonique, l'acide oxalique ; en se combinant avec les sels calcaires puisés par les racines au sein de la terre, ces acides forment nécessairement des cristallisations d'oxalate et de carbonate de chaux.

Tissu fibreux.

Les *fibres,* ainsi que nous l'avons dit, sont une modification de la cellule ou utricule ; elles tiennent donc le milieu entre ces dernières et les vaisseaux.

Le tissu fibreux constitue les parties les plus serrées, les plus compactes des végétaux ; il est composé de cellules très-allongées, pointues aux deux extrémités. On a comparé les fibres à un fuseau dont elles ont à peu près la forme. Elles sont très-allongées, cylindriques ou prismatiques, et doivent très-probablement cet état à la pression qu'elles supportent. La ténacité qui les distingue tient à la manière dont elles sont disposées ; ainsi, dans l'*Acer platanoïdes* (pl. XXV, fig. 9), elles sont situées les unes au-dessus des autres, bout à bout, et séparées par des cloisons ; dans le *Drymis chilensis*, le tissu fibreux présente un grand nombre de points et des lignes transversales ; dans le *Taxus baccata* (If), on trouve une ponctuation transparente et une ligne spiraliforme. Dans les Conifères, les Sapins, les Pins, dans les Cèdres et quelques autres plantes, le tissu fibreux est très-remarquable ; les tubes fibreux, dirigés du côté des rayons médullaires, sont caractérisés par des points translucides, munis d'une *aréole* ou tache circulaire, de largeur variable, et chaque fibre possède, sur les deux faces opposées, un certain nombre de ces ponctuations.

On donne le nom de *ligneux* à une matière incrustante, dure, résistante, dont les fibres sont imprégnées, et qui donne à nos arbres la solidité que nous leur connaissons.

Tissu vasculaire.

A l'aide du microscope, on découvre dans les végétaux des tubes continus, simples ou ramifiés, qui sont des réservoirs de matières fluides ou gazeuses ; ce sont les *vaisseaux*. Comme les précédents, ils ne sont qu'une modification, une transformation des cellules.

La réunion de ces vaisseaux a fait donner aux végétaux qui les portent le nom de *végétaux vasculaires*.

Il y a cette différence entre les vaisseaux, les cellules et les fibres, que les premiers ont toujours un diamètre et une longueur plus considérables que les autres. Souvent ils sont simples et transparents, souvent leurs parois sont délicates, minces ou épaisses ; ce sont eux qui renferment le latex dont nous avons parlé dans notre douzième conférence, aussi les a-t-on nommés *vaisseaux laticifères*.

Ils ont ceci de remarquable, qu'ils portent des étranglements espacés comme dans les Fougères, ou rapprochés comme dans la Vigne.

On reconnaît plusieurs sortes de vaisseaux ; il y en a de *ponctués,* de *rayés*, d'*annulaires* et de *réticulés*.

Les vaisseaux *ponctués* sont tellement développés, que souvent on les voit à l'œil nu ; la disposition des ponctuations est horizontale, comme on le remarque (pl. XXV, fig. 10). Il en est qui ressemblent à un ver dont le corps est formé d'anneaux ; ils sont dits *vermiformes*.

Les vaisseaux *rayés* ou *fendus* se présentent avec des

traits horizontaux, et lorsque ces traits occupent toute la largeur de l'une des faces, on les nomme vaisseaux *scalariformes* (du latin *scala*, échelle), dont ils ont à peu près la figure (pl. XXV, fig. 11).

Les vaisseaux *annulaires* sont ceux dont la paroi membraneuse est supportée à l'intérieur par des anneaux placés d'une façon régulière à côté les uns des autres (pl. XXV, fig. 12).

Les vaisseaux *réticulés* (en réseau) se présentent avec des anneaux spiraliformes, divisés et ramifiés, de telle sorte qu'ils ressemblent à un réseau à mailles irrégulières. La Balsamine des jardins offre cette disposition d'une façon remarquable (pl. XXV, fig. 13).

Trachées.

On désigne sous le nom de *trachées* des espèces de tubes sillonnés de fentes transversales, que l'on rencontre dans les parties ligneuses d'un grand nombre de végétaux, et surtout dans les Dycotylédonés. Leur siége, dans ces plantes, est situé autour de la moelle; dans les Monocotylédonés, elles existent au centre des faisceaux fibreux (pl. XXV, fig. 14).

On croit généralement que les trachées facilitent le développement et les mouvements de la séve en lui communiquant la somme d'air nécessaire à sa perfection.

Maladies des végétaux.

Les végétaux sont sujets à de nombreuses maladies qu'on peut diviser en six sections, savoir :

1° Les maladies *sthéniques* (du grec *sthenos*, force ou puissance) produites par excès de vitalité ;

2° Les maladies asthéniques (du grec *a*, privatif, et *sthenos*, force) produites par une diminution de la force vitale ;

3° Les maladies organiques produites par le développement de végétaux d'organisation tout-à-fait inférieure, sur
des végétaux sains et qui en déterminent le plus souvent la
mort ;

4° Les lésions ou blessures ;

5° Les entophytes ou productions végétales, ordinairement amenées par l'humidité ;

6° Les parasites ou productions végétales, qui vivent aux
dépens des végétaux sur lesquels ils habitent.

Maladies par excès de vitalité.

Toutes les fois que la séve se porte avec une certaine
puissance sur une partie d'un végétal, aux dépens d'une
autre partie, il y a excès de vitalité ou *sthénie ;* cependant,
cet excès de vitalité n'entraîne pas la mort de ce végétal.

Nos agriculteurs et nos horticulteurs en tirent parti dans
le développement de certaines plantes, telles que la Carotte,
la Betterave, et dans un grand nombre de fruits ; c'est une
véritable hypertrophie (du grec *hyper,* en excès, et *trophè,*
nourriture). Cet état du végétal peut amener l'épuisement
du sujet, mais, comme nous le disions plus haut, elle
n'amène jamais la cessation de la vie.

Maladies par diminution de vitalité.

Lorsque, par une cause quelconque, un végétal est privé
de ses sucs nourriciers, il devient malade, on est en présence de l'*asthénie.*

Une foule de causes peuvent déterminer ces maladies :

1° La *chute des feuilles* ou des fruits, provoquée par la
sécheresse, le froid, les insectes, coups de soleil ;

2° La *langueur ;*

3° La *jaunisse,* qui est un commencement d'étiolement
et qui peut être produite par le manque d'humidité, par la

végétation dans un terrain sec et maigre, ou par des arrosements exagérés ;

4° L'*étiolement* produit par la privation d'air et de lumière ; c'est un affaiblissement des sucs vitaux dans la plante. On produit l'étiolement de la Chicorée, du Céleri, de la Barbe-de-capucin en les privant d'air et de lumière ; ces végétaux acquièrent alors de la blancheur en perdant l'âpreté de leurs sucs ;

5° La *stérilité,* qui peut avoir des causes multiples : ainsi les brusques variations de la température au moment de la floraison ; le froid ou l'excès de chaleur ; la présence de parasites qui, en absorbant les sucs vitaux des organes, les épuisent et les rendent impuissants.

Maladies organiques.

Les maladies organiques sont une altération profonde des tissus, et par conséquent des liquides qu'ils renferment. Une certaine obscurité règne encore sur cette question ; les uns pensent que les Cryptogames sont la cause de cette altération, les autres croient qu'ils en sont la conséquence. Ainsi, le *tacon,* qui est la maladie du Safran, ne serait dû qu'à la présence d'un cryptogame, tandis que, dans la maladie de la Pomme de terre, les cryptogames ne seraient, au contraire, produits que par le mal lui-même.

La *morve blanche,* maladie des Glaïeuls et des Jacinthes, est produite, par la décomposition du parenchyme, en une substance gluante, mucilagineuse, filante, inodore ; on pense qu'elle est due à l'humidité.

La maladie des Pommes de terre est une modification profonde, apportée dans les tissus de ce tubercule par un excès d'humidité, sous l'influence de l'abondance des engrais.

La maladie de la Vigne est aussi produite par des causes générales, et l'*Oïdium Tuckeri,* espèce de Champignon qui a ravagé tant de contrées, est devenu un véritable fléau. Ici encore, on ne sait rien de positif à cet égard, c'est-à-dire que rien ne prouve que le développement de l'oïdium soit le résultat d'une affection primitive de la Vigne ou la cause initiale de cette affection.

Lésions ou blessures.

Les blessures peuvent être la cause de maladies chez les végétaux ; ainsi, la foudre déchire et désorganise les tissus ; la gelée produit aussi cette désorganisation en les faisant éclater, comme on le voit fréquemment dans la Vigne.

Bien souvent les blessures ne déterminent pas la mort du végétal, à moins qu'elles n'offrent une grande surface, ainsi que cela arriverait infailliblement par l'enlèvement d'une partie ou de la totalité de l'écorce. Enfin, il y a le *couronnement*, qui peut être amené par plusieurs causes, telles que la privation de séve, l'absence de feuilles, les grandes chaleurs, ou bien encore, et c'est peut-être la cause la plus ordinaire, la présence de pierres, de roches impénétrables, qui s'opposent au développement des racines ; de là la *décurtation* (du latin *decurtare*, raccourcir) ou couronnement. Un arbre peut être couronné accidentellement, c'est-à-dire qu'un orage peut briser son sommet ; dans ce cas, il ne meurt pas, ce n'est qu'une mutilation, tandis que dans le cas précédent, la mort est toujours inévitable.

Entophytes.

Les entophytes (du grec *en*, dedans, et *phyton*, plante) sont des Cryptogames, des Champignons qui se développent dans le tissu même des autres végétaux et en crèvent la surface ; tels sont, par exemple, le Charbon *ustilago segetum* ou nielle des Blés, qui peut s'emparer de toutes les céréales ; la rouille du Froment, du Seigle, des Rosiers, des Poiriers, *uredo rubigo vera ;* la carie, *uredo caries,* qui affecte un grand nombre de Graminées ; le *Sphacelia sege-tum,* qui produit le Seigle ergoté ; le *Meunier* (du latin *molinarius,* meunier), qui se présente sous la forme de taches blanches à la surface des feuilles et qui sont de véritables cryptogames parasites.

Le *Miellat,* qui consiste dans une exsudation qui est produite par la piqûre des pucerons ou par certaines matières qu'ils y déposent et sur lesquelles naissent des cryptogames ou champignons microscopiques. Cette maladie est terrible et détruit un grand nombre de végétaux.

Des Parasites.

Les végétaux parasites peuvent être divisés en deux classes :

1° Les *Parasites vrais ;* 2° les *Parasites faux.*

On nomme parasites vrais ceux qui, vivant aux dépens de la plante sur laquelle ils reposent, en absorbent tous les sucs nutritifs et les tuent. Telles sont les Cuscutes pour le Thym, le Lin, la Luzerne ; ces parasites sont nommés *Caulicoles* (du latin *Caulis,* tige, et *colo,* habiter), parce qu'ils ne s'attaquent qu'à la tige. Il en est qui s'attachent aux racines, comme les Orobanches, l'Hypociste, le Monotropa ; ce sont les parasites *radicicoles.* Le *blanc* est encore une maladie qui détruit les racines ; il est produit par un cryptogame appelé *Rhyzophile* (du grec *rhiza,* racine, et *philos,* ami). Cette maladie exerce de grands ravages.

Les Parasites faux.

Il y a peu de choses à dire sur les parasites faux ; ces végétaux ne compromettent jamais la vie des plantes qu'ils enveloppent ; cependant, ils peuvent affaiblir leur vitalité, en ce sens que, par leur destruction naturelle, par leur décomposition, ils altèrent profondément l'écorce des arbres et

14

apportent des troubles sérieux dans la végétation, troubles qui font perdre aux plantes leur vigueur et leur fraîcheur. On compte parmi ces végétaux les Lichens, les Mousses, les Hépatiques.

Quant au Lierre, au Célastre, dit Bourreau des arbres parce qu'il semble les enlacer et les étouffer, et au Chèvre-feuille, ils sont peu redoutables.

15ᵉ Conférence.

Des Systèmes et des Méthodes.

Il est important de ne pas confondre les *systèmes* et les *méthodes*.

On entend par système toute classification qui n'est établie et ne repose que sur les modifications d'un seul organe ou d'un petit nombre d'organes; tandis que les méthodes se rattachent le plus étroitement possible à la marche indiquée par la nature, et tirent parti des caractères que peuvent présenter tous les organes.

Ainsi, la classification établie par Tournefort, professeur de botanique au Jardin des Plantes, à Paris, vers la fin du XVIIᵉ siècle, repose tout entière sur les différentes formes que peut prendre la corolle : c'est un *système*. Ainsi, la classification établie par Linné, classification basée sur le nombre et les modifications des étamines et des pistils, est encore un système, parce qu'on ne sait rien de l'organisation générale de la plante, si ce n'est que telle classe possède un certain nombre d'étamines, et telle autre un autre nombre.

Par la méthode, au contraire, classification qu'on peut appeler naturelle, on apprend qu'une plante qui, par

exemple, est rangée dans la famille des Labiées, est dicotylédonée ; que sa tige est carrée, ses feuilles simples, opposées ; que ses fleurs sont axillaires, disposées en grappes ou
en épis ; que le calice est tubuleux, a cinq dents inégales, et
persistant ; que la corolle est monopétale, irrégulière, par-
tagée en deux lèvres ; qu'elle porte quatre étamines, dont
deux longues et deux courtes (didynames) ; que le fruit est
composé de quatre akènes.

On a donc appris, en procédant ainsi, l'organisation générale de la plante et tous les caractères qui peuvent la faire
reconnaître.

Tournefort commence par faire des végétaux deux grandes
divisions, savoir :

1° Les herbes ou sous-arbrisseaux à fleurs ;
2° Les arbres et les arbrisseaux à fleurs.

La première de ces divisions renferme les fleurs *pétalées* et
apétalées, c'est-à-dire possédant une corolle ou n'en possédant pas ; *simples* ou *composées*, c'est-à-dire chaque calice
ne renfermant qu'une fleur, ou chaque calice en possédant
plusieurs ; *monopétales* ou *polypétales*, à corolle *régulière*
ou *irrégulière*. On arrive ainsi à former dix-sept classes, qui
sont : 1° les herbes ou sous-arbrisseaux à fleurs *Campani-
formes*, 2° *Infundibuliformes*, 3° *Personées*, 4° *Labiées*,
5° *Cruciformes*, 6° *Rosacées*, 7° en *Ombelles*, 8° *Caryophyllées*, 9° *Liliacées*, 10° *Papilionacées*, 11° *Anomales*,
12° *Flosculeuses*, 13° *Semi-Flosculeuses*, 14° *Radiées*,
15° à étamines, 16° sans fleurs, 17° sans fleurs ni fruits.

La seconde division comprend : les arbrisseaux et les
arbres à fleurs sans pétales, qui forment la 18ᵉ classe ou
Apétales, et la 19ᵉ les *Amentacées*.

Les Pétalées monopétales constituent la 20ᵉ classe, dite
Monopétales, et enfin, les polypétales régulières ou irrégulières, qui forment la 21ᵉ et la 22ᵉ classes.

Le tableau suivant donne un ensemble parfait de ce système :

						CLASSES.	EXEMPLES.
HERBES ou SOUS-ARBRISSEAUX à fleurs.	Pétalées.	Simples.	Monopétales.	Régulières.	1.	*Campaniformes*	Campanules.
					2.	*Infundibuliformes*	Tabac.
				Irrégulières.	3.	*Personnées*	Muflier.
					4.	*Labiées*	Sauges.
			Polypétales.	Régulières.	5.	*Cruciformes*	Giroflée.
					6.	*Rosacées*	Eglantier.
					7.	*En ombelle*	Ciguë.
					8.	*Caryophyllées*	Œillet.
					9.	*Liliacées*	Lis.
				Irrégulières.	10.	*Papilionacées*	Sainfoin.
					11.	*Anomales*	Balsamine.
		Composées.			12.	*Flosculeuses*	Chardons.
					13.	*Semi-flosculeuses*	Pissenlit.
					14.	*Radiées*	Marguerites.
	Apétalées.				15.	*Apétales proprement dits.*	Graminées.
					16.	*Sans fleurs*	Fougères.
					17.	*Sans fleurs ni fruits*	Champignons.
ARBRES et ARBRISSEAUX à fleurs.	Apétalées.				18.	*Apétales proprement dits.*	Conifères.
					19.	*Amentacés*	Noyer.
	Pétalées	Monopétales.			20.	*Monopétales*	Lilas.
		Polypétales	Réguliers.		21.	*Rosacés*	Amandier.
			Irréguliers.		22.	*Papilionacés*	Cytise.

Ce système est très-simple, mais s'il a l'avantage de bien déterminer les genres, détermination qui n'existait pas avant lui, on peut lui adresser le reproche d'avoir établi cette séparation entre les végétaux herbacés et les végétaux ligneux, puisque sous l'influence de climats différents, les herbes peuvent devenir des arbrisseaux ou des arbres.

C'est à Tournefort que l'on doit d'avoir jeté la lumière sur la science botanique ; c'est à lui surtout que revient l'honneur de sa restauration.

Système sexuel de Linné.

La perfection des instruments a contribué pour beaucoup aux progrès de la botanique. C'est Linné qui, le premier, dota cette science de la classification fondée sur les organes sexuels des végétaux. Il est évident que l'importance des fonctions que remplissent les étamines et les pistils, au point de vue de la reproduction, devait, tôt ou tard, être signalée : c'est à ces fonctions que Linné donna le nom de *Noces des plantes*.

Linné, célèbre naturaliste suédois, est né en 1707 ; c'est en 1741 qu'il fonda sa classification basée sur le système sexuel des végétaux, à laquelle il adapta un langage régulier, bref, commode et véritablement admirable.

Ce savant naturaliste fait des végétaux deux grandes coupes, les végétaux à organes sexuels visibles et les végétaux à organes sexuels invisibles ; puis, s'emparant de la première de ces coupes, il la divise en plantes hermaphrodites et en plantes unisexuelles, à étamines libres et à étamines réunies, dont les proportions sont déterminées ou indéterminées ; il en indique le nombre et le mode d'insertion pour former vingt-trois classes, dont les onze premières reposent sur le nombre exact des étamines et sont désignées sous les noms de :

1re classe, *Monandrie* (du grec *monos*, un, et *aner*, mâle ou étamine) ; exemple : le Gingembre.

2e classe, *Diandrie* (*dis*, deux, et *aner*, mâle ou étamine) ; la Véronique.

3e classe, *Triandrie* (*treis*, ou trois étamines) ; le Blé.

4e classe, *Tétrandrie* (*tétra*, ou quatre étamines) ; le Plantain.

5e classe, *Pentandrie* (*penté*, ou cinq étamines) ; la Bourrache.

6e classe, *Hexandrie* (*hex*, ou six étamines) ; le Lis.

7e classe, *Heptandrie* (*hepta*, ou sept étamines) ; le Marronnier d'Inde.

8e classe, *Octandrie* (*octo*, ou huit étamines) ; le Garou.

9e classe, *Ennéandrie* (*Ennéa*, ou neuf étamines) ; le Laurier.

10e classe, *Décandrie* (*déca*, ou dix étamines) ; l'OEillet.

11e classe, *Dodécandrie* (*dodéca*, ou douze étamines) ; le Joubarbe.

12e classe, *Icosandrie* (*eikos*, vingt ou plus, placées sur le calice) ; le Rosier.

13e classe, *Polyandrie* (*polus*, beaucoup, c'est-à-dire dont le nombre est indéterminé, et fixées sur le réceptacle) ; les Renoncules.

14e classe, *Didynamie* (*dis*, deux, *dynamis*, puissance), basée sur la grandeur des étamines dont deux sur quatre sont plus longues (la Menthe, etc.).

15e classe, *Tétradynamie* où, de six étamines, quatre sont plus grandes (le Chou, etc.).

16e classe, *Monadelphie* (*monos*, un, *adelphos*, frère), où les étamines liées toutes entre elles par leurs filets ne forment qu'un faisceau (la Mauve, etc.).

17e classe, *Diadelphie*, où les étamines forment deux faisceaux (le Haricot, etc.).

18ᵉ classe, *Polyadelphie*, où les étamines forment plus de deux faisceaux (l'Oranger, etc.).

19ᵉ classe, *Syngénésie* (*sun*, ensemble, *génésis*, génération), où les étamines sont réunies, non plus par leurs filets, mais par les anthères (la Chicorée, etc.).

20ᵉ classe, *Gynandrie* (*gunè*, femelle, *aner*, mâle), où les étamines sont adhérentes au pistil ou situées sur le pistil (Aristoloche, etc.).

21ᵉ classe, *Monœcie* (*monos*, un, *oikia*, maison), c'est-à-dire où les étamines et les pistils sont réunis sur la même fleur (le Melon, etc.).

22ᵉ classe, *Diœcie*, où les fleurs mâles et les fleurs femelles sont sur deux pieds différents (le Chanvre, etc.)

23ᵉ classe, *Polygamie* (*polus*, beaucoup, *gamos*, mariage), où des fleurs hermaphrodites sont parmi des fleurs unisexuelles.

La seconde coupe comprend les organes invisibles et forme la 24ᵉ classe ou *cryptogamie*.

Chacune de ces classes est subdivisée en ordres, les ordres en genres et les genres en espèces. C'est ainsi que, pour les treize premières classes, Linné s'étant basé sur le nombre des étamines, se sert pour la formation des ordres du nombre des pistils et il crée :

1° La *Monogynie* ou un seul pistil.

2° La *Digynie* ou deux pistils.

3° La *Trigynie* ou trois pistils, etc.

Et ainsi de suite, appliquant toujours l'expression ordinale en rapport avec le nombre des styles. Ainsi, si nous prenons la Bourrache qui possède cinq étamines et un style, nous dirons qu'elle appartient à la *pentandrie monogynie*, parce qu'elle possède cinq étamines et un style; tandis que si nous examinons l'Anémone sylvie, qui a des étamines au nombre de plus de vingt placées sous l'ovaire, sur le réceptacle et des pistils nombreux indéfinis, nous reconnaîtrons qu'elle appartient à la *polyandrie polyginie*.

La didynamie forme deux ordres tirés de la forme du fruit, la *Gymnospermie* et l'*Angyospermie*.

La Gymnospermie (du grec *gymnos*, nu, et *sperma*, semence) comprend les plantes dont Linné considérait les graines comme nues ou dépourvues de péricarpe et formées de quatre akènes libres (Labiées, etc.).

Dans l'Angyospermie (du grec *aggeion*, vase, et *sperma*, semence), le fruit est capsulaire, c'est-à-dire renfermé dans un péricarpe et contient un grand nombre de graines (la Digitale, les Linaires, etc.).

La Tétradynamie forme également deux ordres, basés sur la longueur du fruit et constitue, dans le premier, la tétradynamie *siliculeuse*, c'est-à-dire que le fruit n'est pas quatre fois aussi long que large (Thlaspi, bourse à pasteur); dans le second, il constitue la tétradynamie *siliqueuse*, parce que le fruit est au moins quatre fois aussi long que large (la Giroflée, le Chou, etc.).

Dans les 16ᵉ, 17ᵉ, 18ᵉ classes, où les étamines sont soudées par les filets ou unies à l'ovaire, les ordres sont tirés du nombre même des étamines et reçoivent les noms de leur classe; c'est ainsi que Linné a créé la *Monadelphie triandrie*, qui exprime que trois étamines sont unies en un seul faisceau; la *Monadelphie décandrie*, qui exprime que les dix étamines forment un seul faisceau. Le Tamarin appartient à la Monadelphie triandrie et le Géranium à la Monadelphie décandrie.

La Syngénésie est formée d'un nombre d'ordres compliqués et fournit : 1° la polygamie *égale*, qui se présente lorsque toutes les fleurs sont hermaphrodites (le Pissenlit, les Chardons);

2° La polygamie *superflue*, ainsi nommée à cause de l'inutilité, de la superfluité, dans certaines fleurs composées, des fleurs femelles fertiles de la circonférence, les fleurs du centre étant hermaphrodite comme dans les Camomilles ;

3° La polygamie *frustranée,* où les fleurs du centre sont hermaphrodites., et les fleurs extérieures femelles stériles, ainsi qu'on le voit dans le Grand soleil, etc. ;

4° La *polygamie nécessaire,* où les fleurs centrales, bien qu'hermaphrodites, sont stériles et ne fécondent que les fleurs femelles occupant la circonférence ; elles sont *nécessaires* à ce genre de fécondation qui, sans elles, n'aurait pas lieu : le Souci en est un exemple ;

5° La *polygamie séparée,* où les fleurs, quoique réunies dans un calice commun, et toutes hermaphrodites, sont encore séparées par une espèce d'involucre particulier, comme dans les *Echinops.*

Dans la Monœcie, vingt et unième classe, les fleurs sont unisexuelles, c'est-à-dire que les étamines sont sur une fleur, les pistils sur une autre, mais sur le même pied ; cette classe comprend neuf ordres qui sont :

1° La *Monœcie monandrie;* exemple : la Charagne.
2° — diandrie ; — la Lentille d'eau.
3° — triandrie ; — la Masse d'eau.
4° — tetrandrie ; — l'Ortie.
5° — pentandrie ; — l'Amarante.
6° — hexandrie ; — le Cocotier.
7° — polyandrie ; — le Noisetier.
8° — monadelphie ; — le Sapin.
9° — gynandrie ; — l'Andrachné.

Dans cette dernière, les étamines sont insérées sur un pistil qui avorte.

Dans la Diœcie, les fleurs sont également unisexuelles, mais les étamines et les pistils sont sur des pieds séparés ; ce sont des plantes dioïques.

Cette classe comprend quatorze ordres établis comme ci-dessus : *Diœcie monandrie* D. diandrie, D. triandrie, etc.

La Polygamie comprend trois ordres qui sont :

1° Les fleurs polygames sur le même pied, polyamie *monœcie ;*

2° Les fleurs polygames ; fleurs hermaphrodites sur un pied, fleurs mâles et femelles sur un autre pied, *P. diœcie ;*

3° Fleurs polygames dont les hermaphrodites sont situées sur un pied, les mâles sur un autre pied et les femelles placées aussi sur un troisième pied. *P. triœci.*

Cette classe est donc un arrangement, une combinaison des deux classes ci-dessus.

Enfin, la cryptogamie qui forme quatre ordres, savoir :

1° Les Fougères ;
2° Les Mousses ;
3° Les Algues ;
4° Les Champignons.

Tel est le système de Linné, dont le tableau suivant donne une idée fort exacte :

Plantes à

- Organes sexuels apparents
  - Fleurs hermaphrodites
    - Etamines distinctes du pistil
      - Libres
        - Proportion Indéterminée
          - Nombre
          - Nombre et insertion
        - Proportion déterminée
      - Réunies
        - Par les filets
        - Par les anthères
    - Etamines soudées avec le pistil
  - Fleurs uni-sexuées
- Organes sexuels cachés

1. Monandrie.
2. Diandrie.
3. Triandrie.
4. Tétrandrie.
5. Pentandrie.
6. Hexandrie.
7. Heptandrie.
8. Octandrie.
9. Ennéandrie.
10. Décandrie.
11. Dodécandrie.
12. Icosandrie.
13. Polyandrie.
14. Didynamie.
15. Tétradynamie.
16. Monadelphie.
17. Diadelphie.
18. Polyadelphie.
19. Syngénésie.
20. Gynandrie.
21. Monœcie.
22. Diœcie.
23. Polygamie.
24. Cryptogamie.

Méthode de Jussieu.

Antoine Laurent de Jussieu, neveu de Bernard de Jussieu, célèbre naturaliste du xviiie siècle, fut professeur de botanique au jardin du Roi et publia, en 1789, le *Genera plantarum secundum ordines naturales disposita*, ouvrage extrêmement remarquable qui, selon Cuvier, « fit dans les sciences d'observation une époque peut-être aussi importante que la chimie de Lavoisier dans les sciences d'expérience. »

M. de Jussieu divise les végétaux en trois grands embranchements qui sont :

1° Les Acotylédonés ;
2° Les Monocotylédonés ;
3° Les Dicotylédonés.

Ces embranchements forment quinze classes :

Les Acotylédonés constituent la première classe : *Acotylédonie*.

Les Monocotylédonés en fournissent trois, qui prennent leur nom du mode d'insertion des étamines ; ce sont : la *Monohypogynie*, la *Monopérigynie* et la *Monoépigynie*, c'est-à-dire qu'elles sont insérées ou sous le pistil ou autour du pistil ou sur le pistil.

Les dicotylédonés sont divisés suivant l'absence ou la manière d'être de la corolle, en apétales, monopétales et polypétales pour former l'*hypostaminie*, la *péristaminie* et l'*épistaminie*.

Mais, dans les cotylédonés monopétales, les étamines sont à la base de la corolle et donnent naissance à l'*hypocorollie* et à l'*épicorollie* ; dans l'épicorollie, on rencontre des étamines unies aux anthères, c'est la *synanthérie* ; ou bien des étamines libres qui forment la *corysanthérie*.

Les dicotylédonés polypétales sont divisés en trois classes qui sont : l'*épipétalie*, l'*hypopétalie* et la *péripétalie*.

Puis enfin se présente la *diclinie* (du grec *dis*, deux, et *cliné*, lit), où se trouvent groupés tous les végétaux à fleurs unisexuelles, monoïques ou dioïques, c'est-à-dire celles qui n'ont qu'un sexe, celles qui ont les deux sexes sur le même pied et celles qui ont les sexes séparés sur des pieds différents.

Le tableau suivant donne une idée très-exacte de cette méthode :

VÉGÉTAUX
- Acotylédonés .... *Acotylédonie.*
- Monocotylédonés
  - Hypogynes .... *Monohypogynie*
  - Périgynes .... *Monopérigynie.*
  - Epigynes .... *Monoépigyne.*
- Dicotylédonés
  - Apétales à étamines
    - Epigynes .... *Epistaminie.*
    - Périgynes .... *Péristaminie.*
    - Hypogynes .... *Hypostaminie.*
  - Monopétales à corolles
    - Hypogynes .... *Hypocorollie.*
    - Périgynes .... *Péricorollie.*
    - Epigynes (épicorollie)
      - Anthères réunies. *Synanthérie.*
      - Anthères distinctes *Corysanthérie.*
  - Polypétales à fleurs
    - hermaphrodites étamines
      - Epigynes .... *Epipétalie.*
      - Hypogynes .... *Hypopétalie.*
      - Périgynes .... *Péripétalie.*
    - Unisexuées .... *Diclinie.*

Comparaisons tirées du système de Linné et de la méthode naturelle de Jussieu.

Prenons pour exemple la Grande Consoude.

Nous remarquons, en l'examinant, qu'elle possède cinq étamines, ce qui indique qu'elle doit être rangée dans la pentandrie; et un style qui la place dans la monogynie : La Consoude appartient donc à la pentandrie monogynie de Linné.

En examinant attentivement la graine de cette plante, nous reconnaissons qu'elle possède deux cotylédons; elle appartient donc aux végétaux dicotylédonés; que la corolle est d'une seule pièce, dès lors, monopétale; que les étamines sont situées sous le pistil, par conséquent hypogynes.

La Consoude est donc une plante dicotylédonée monopétale hypogyne de Jussieu; et si nous y joignons les caractères généraux suivants, c'est-à-dire que cette plante est *hispide* (poilue), à feuilles alternes velues; que les étamines alternent avec les lobes de la corolle qui est en entonnoir, ou en tube, ou en roue; à fleurs le plus souvent régulières, en grappes ou en épis latéraux roulés en crosse, nous placerons cette plante dans la famille des Borraginées dont elle offre tous les caractères.

Si nous prenons l'Asperge, nous comptons dans sa fleur six étamines; elle appartient donc à l'hexandrie; et un sty'e qui la place dans la monogynie. L'Asperge appartient donc à l'hexandrie monogynie de Linné.

Tandis que, suivant Jussieu, elle est monocotylédonée à étamines perigynes, c'est-à-dire possédant un embryon avec un seul cotylédon à étamines situées autour du pistil. On peut marier ces deux méthodes et dire que l'Asperge appartient à l'hexandrie monogynie et qu'elle est monocotylédone à étamines périgynes. Enfin, si nous ajoutons à cette analyse les caractères généraux de la plante, nous reconnaissons qu'elle appartient à la famille des Asparagées ou Asparaginées.

Dans la Bardane, nous voyons que la fleur a les étamines réunies par les anthères (Syngénésie), que les fleurs sont toutes hermaphrodites et fécondes, caractère qui les place dans la polygamie égale; en sorte que cette plante appartient à la *Syngénésie polygamie égale* de Linné, ou aux *dicotylédones monopétales épigynes à anthères réunies* de Jussieu, c'est-à-dire que la graine renferme deux cotylédons, que la fleur est monopétale avec des étamines situées sur le pistil et à anthères réunies.

La méthode de Jussieu est généralement suivie aujourd'hui, car en comprenant tous les caractères des plantes, elle permet d'arriver plus sûrement à leur reconnaissance et à leur classement.

ERRATA

Page 59, ligne 28, au lieu de *marescente*, lisez *marcescente*.
Page 162, ligne 26, au lieu de *Curcumaea*, lisez *Curcuma*.
Page 181, ligne 19, au lieu de *Sienitke*, lisez *Syénite*.

La Société horticole, vigneronne et forestière de l'Aube, voulant témoigner à M. Maison sa reconnaissance pour le *Cours de Botanique élémentaire* qu'il a professé avec succès dans ses réunions mensuelles, a décidé que la publication de cet ouvrage serait faite aux frais de la Société, et qu'il serait décerné à l'auteur sa plus haute récompense.

En conséquence de ce vote, une *Médaille d'or avec Diplôme d'honneur* a été décernée à M. J. Maison dans la séance solennelle et publique de la Société, le 26 août 1877.

Le Président de la Société horticole, vigneronne
et forestière de l'Aube,

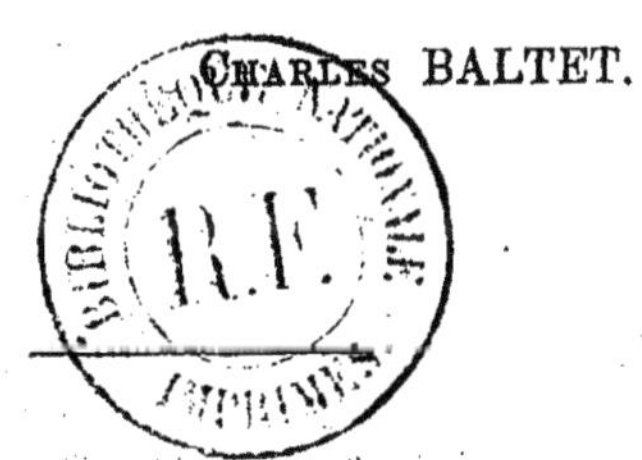

Charles BALTET.

TABLE DES MATIÈRES

PLACEMENT DES PLANCHES

IMPRIMERIE DUFOUR-BOUQUOT
DB
TROYES.

9 782013 575485